解码40亿年生命史

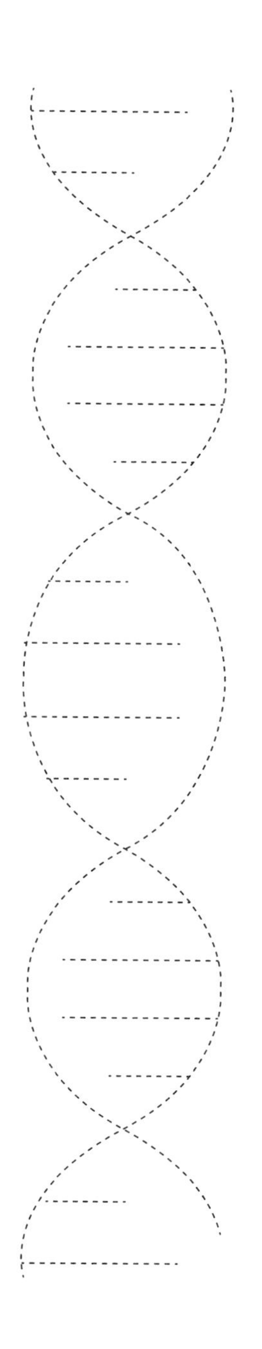

[美] 尼尔·舒宾——著

吴倩——译

中信出版集团 | 北京

图书在版编目（CIP）数据

解码40亿年生命史 /（美）尼尔·舒宾著；吴倩译
.—北京：中信出版社，2022.1
书名原文：Some Assembly Required
ISBN 978-7-5217-3693-9

I. ①解… II. ①尼… ②吴…… III. ①脱氧核糖核酸
—普及读物 IV. ① Q523-49

中国版本图书馆 CIP 数据核字（2021）第 218151 号

解码40亿年生命史
著者：　[美]尼尔·舒宾
译者：　吴倩
出版发行：中信出版集团股份有限公司
（北京市朝阳区惠新东街甲4号富盛大厦2座　邮编　100029）
承印者：　中国电影出版社印刷厂

开本：880mm×1230mm 1/32　印张：8.5　字数：188千字
版次：2022年1月第1版　印次：2022年1月第1次印刷
京权图字：01-2021-5463　书号：ISBN 978-7-5217-3693-9
定价：59.00元

服务热线：400-600-8099
投稿邮箱：author@citicpub.com

目录 | CONTENTS

第4章 美丽的怪物

第5章 模仿者

第6章 我们体内的战场

第7章 灌铅骰子

第8章 融合与获得

推荐序

《解码40亿年生命史》是一部叙述重大科学发现、展现科学家精神、传授科学研究过程和方法的史诗般科普力作。世界近代史上那些为科学做出杰出贡献的人物一个个栩栩如生地展现在读者面前；那些展现人类智慧和认知水平的一系列重要实验、重大发现和科学理论令人激动，动人心魄；科学发现背后的一幕幕令人感佩的人文故事，在作者细腻的描述下读来也让人深受感染。这部书以科学史为背景，生物新技术发展为脉络，介绍了一代代科学家为揭秘生命密码而为之奉献一生的动人事迹，展现了一幅幅奇幻壮美的生命画卷。

如今人类对生命的认知已经大大超越了达尔文时代，从细胞、基因、DNA、染色体和化石等角度揭秘了生命的诞生和各种奇妙的演化现象。这说明人类在认知生命现象的道路上正不断向前迈进，而这正是一代代科学界前辈孜孜以求、不惧挫折、倾其才华、毕生奉献的硕果。这部书披露了诸如从细菌到大脑、从鱼的肺到蝾螈的舌头、从走路的鱼到变异的苍蝇等一系列生命奥秘，揭示了基于化石研究得出的点断平衡理论在生物演化上的意义，将读者带入了丰富多彩的、不断进化的真实生命世界。

科学发现生命奥秘是一个充满波折和挑战的过程。发现和揭秘生命密码不仅需要大量严谨的科学实验、超强的科学思辨能力，更需要科学理论的指导，同时也需要科学家百折不挠的精神——包括科学家即便做出了伟大的实验或提出了真知灼见的假说或理论，也可能一时没有得到科学界同行认可。这部书中有许多这方面的故事，比如马古利斯的“内共生学说”长期遭遇冷落；更有科学家从科学实验得出不同凡响的结论，但其观点直到过世后才被科学界所认可。但科学的真理从不会迟到，终究会散发出真理的光芒。

从事书中科学发现研究的科学家，并非个个都是与生俱来的科学天才。其中不乏后来居上者，有的是受到了一堂科学课的感染，或受到一幅科学广告的影响才有了投身科学的宏愿，也有的是受到科学家的指引才改变研究兴趣，等等。这些例子在书中可谓不胜枚举。事实上，书中描述的这些人文故事，其实更容易打动青少年的心灵，促使他们投身科学事业。而这方面写作内容和技巧恰是国内科普作品中比较缺乏的，值得借鉴。

作者以其深厚的科学素养、特有的科普热情、清晰的探索思维和优美的文学笔调，生动描绘和还原了科学史上一幕幕精彩的历史故事。科学发现中的曲折与反复、科学带给人们生活的变化和精彩及对社会进步的影响和推动、科学家的执着与伟大，在书中都展露无遗，相信阅读本书的读者都会为此感动。

科学的美酒香醇甜美，洒向人间尽显科学的美丽，更会沁入读者的心脾。但愿广大读者，尤其是青少年读者，在领悟了生命的本质和奥秘的同时，更有追求科学的心愿、崇尚科学的思想、从事科学的决心。

冯伟民

中国科学院南京地质古生物研究所研究员，

南京古生物博物馆名誉馆长

2021年12月

引言

数十年的化石发掘经历改变了我看待生命的方式。从某些角度来看，科学研究已经成了全球寻宝活动，人们找寻有手的鱼类、长脚的蛇类以及直立行走的猿类化石等一切远古生物，它们讲述了生命演化历史中的重要时刻。在《你是怎么来的》一书中，我曾描述了计划和运气如何带领我和我的同事们在加拿大北极圈内找到了提塔利克鱼（*Tiktaalik*）——一种有脖子、肘部和腕关节的鱼类。这种生物弥补了水生和陆地生物之间的空白，揭示了我们远古鱼类祖先的重要时刻。两个世纪以来，此类发现告诉了我们演化是如何发生的，以及动物的身体是如何构建并形成的。但后来的古生物学家面临着一个重要变革，一个恰巧发生在40年前我职业生涯刚起步时的变革。

我是看着《国家地理》杂志和电视纪录片长大的，很小的时候我就希望加入探险队去寻找化石。带着这一兴趣，我考入了哈佛大学研究生院，并最终在20世纪80年代中期实现了我的第一次野外化石发掘。彼时，我尚没有足够的财力出国进行发掘工作，因此我对马萨诸塞州剑桥市南部的路边岩石进行了勘探。一次从野外返回之后，我在桌上看到了一堆文章。这些文章让我知道了，古生物学界将发生翻天覆地的变化。

一个研究生朋友在图书馆发现了这些论文，文中描述许多实验室如何发现了帮助动物形成身体结构的DNA（脱氧核糖核酸），揭示了形成果蝇头部、翅膀和触角的基因。这已经让人难以置信了，更加惊人的还在后面：控制鱼类、老鼠和人类身体结构的竟然是同一基因的不同版本。这些论文中的图示闪耀着新科学的微光——一种能够揭示动物胚胎如何组装，在亿万年中又如何演化的新科学。

DNA实验回答了原本专门由化石猎人来回答的问题。此外，对DNA的了解能够揭示生物产生变化的遗传机制，而我正试图在古老化石中寻找解释这些变化的答案。

如过去的化石物种一般，我要么演化，要么灭绝。如果灭绝对于一位科学家来说无关紧要，那么这个理由不错：深入遗传发育生物学和DNA的世界，能够让我积极参与智力活动。从那时的第一篇文章开始，我的实验室工作便分裂成两个部分：夏天到野外寻找化石，其余时间则进行胚胎和DNA实验。这两部分工作都能用于回答一个简单的问题：生命史中的大型变革是如何发生的？

在过去的20年中，技术发展得很迅猛。现在的基因组测序仪功能强大，当年曾花费10多年时间和数十亿美元的人类基因组工程，现在一个下午就能完成，花销不超过1 000美元。测序只是其中之一，计算效率和图像处理能力让我们能够凝视胚胎内部，甚至能够观察细胞中的分子如何运作。DNA技术发展得如此强大，以至于如青蛙和猴子等许多种类的动物都可以轻易克隆，人们可以通过基因工程技术在老鼠身上加入人类或果蝇的基因。几乎任何动物的基因都可以编辑，这让我们拥有了移除和重写基因序列的能力——这些基因序列几乎是构建所有动植物身体的基础。我们可以据此提出疑问：在DNA尺度上，是什么样的基因组合让青蛙异于鳟鱼、猩猩或人类?

这种变革将我们带到了一个非凡的时刻。岩石和化石与DNA技术结合，让我们能够探索一些达尔文及其同辈人苦苦思索的经典问题。新的实验揭示了数十亿年的生物演化历史，其中充斥着协作、微调、竞争、偷窃和战争，这仅仅是DNA内部的情况。病毒持续侵染基因组，而基因组内部也存在战争，每个动物细胞内部的基因组随着其在一代又一代中完成工作，自身也不断改变着。这一动态过程的结果，形成了新的器官和组织，以及最终改变了世界的生物学创新。

在生命出现之后的数十亿年，整个地球曾是微生物的乐园。大约10亿年前，单细胞微生物中产生了具有身体的生物。又过了数亿年的时间，地球见证了从水母到人类的各种生命。自那时起，生物学会了游泳、飞行、思考，每一个新的生物发明都预示着下一个生物的出现。鸟类用翅膀和羽毛进行飞行，生活在陆地上的动物有肺和附肢，诸如此类。从简单的祖先演化而来，动物现在能够生存在幽深洋底，占据贫瘠沙漠，涉足高山之巅，甚至漫步太空月球。

在生命史中，最为伟大的变革带来了动物生活方式和身体构造的大幅改变。从鱼类到陆地生物的转变，鸟类的起源，以及从单细胞生物到多细胞生物的转变……这些仅仅是生命演化历程中的一些缩影。用以探索这些演化变革的科学满载着惊奇。如果你认为羽毛起源是为了帮助动物飞行，或者肺和附肢的出现是为了帮助动物在陆地上行走，那么你与许多人的想法一样，但你们都错得彻底。

这类科学的进步能够帮助解释一些关于我们人类的基础性问题：我们出现于这个星球上是偶然的结果吗？或者说，我们的演化历史有一定的必然性吗？

生命的历史是一段漫长、怪异而奇妙的旅程，充斥着尝试与错误，偶然与必然，曲折、革新与创造。这段旅程，以及我们探索它的途径，正是本书要讲述的内容。

第 1 章

达尔文的五个字

有些人在实验室中找到事业重心，有些人在野外工作中发现毕生目标，而我则是在一张简单的幻灯片里面，遇到了我为之奋斗终生的至爱。

研究生阶段的早期，我曾选了一门关于生命史精选内容的课程，该课程由一位资深科学家教授。这是一门闪电式的概览课程，让我们迅速地了解演化中的重要问题。每周的课程讨论内容都是生命演化中的不同变革。最开始的某次课上，教授展示了一张简单的漫画，是关于截至当时（1986年）我们对于从鱼类到陆生动物演化过程的了解。图片的顶部画了一条鱼，底部是一种早期两栖动物化石。一个箭头从鱼指向两栖动物，正是这个箭头（而不是鱼）吸引了我的注意力。我看着这张图，挠了挠头。鱼在陆地上行走，这是怎么发生的？这似乎成了我心中首要的科学问题。“一见钟情”之后，我开始了长达40年的探索：深入地球两极，踏足若干大洲，寻找表明这一切到底如何发生的化石证据。

然而，当我尝试向亲友们解释这一问题时，我常常得到不信任的眼神和客气的提问。鱼变成陆生动物意味着要长出一整套全新的骨骼，用能够在陆地行走的附肢代替在水中游泳所需的鱼鳍。不仅如此，还需要新的呼吸方式——用肺部而不是鳃呼吸，这一步也不容易。况且，摄食和繁殖方式也需要发生改变——在水中取食和产卵与在陆地上的情况完全不同。所以，几乎是身体的所有器官都需要做出改变。如果不能在陆地上呼吸、取食和繁殖，那么要陆地行走所需的附肢又有何用呢？在陆地上生活不只是需要一种创新，还需要数百种创新相互协作。同样的困难也摆在生命历史进程中的其他数千种演化转变面前，从飞行起源和两足行走到躯干形成，乃至生命本身的出现。要解决我的问题，似乎从一开始就困难重重。

这一困境的解决方式，正藏身于剧作家莉莲·赫尔曼的名言之中。在莉莲·赫尔曼生平自述中，她讲述的内容包括从20世纪50年代被美国众议院非美活动调查委员会列入黑名单，到她艰难的生活方式。她曾说过："当然，没有什么事情始于你认为它开始的时候。"她无意中用这一名言表述了一个生命史中最强有力的观念，一个能够解释地球上所有生物的多数器官、组织甚至部分DNA起源的观念。

然而，提出这一生物学观念的人在所有科学领域内都称得上是最为自毁型的人物之一。一如往常，他用错误改变了这个学科。

为了了解近年来基因组学发现的意义，我们需要回到人类探索世界的早期阶段。在英国维多利亚时期，各种新发现和观点不断挑战人们的承受能力。我们对DNA在生命史中作用的了解，要依赖一些在人们甚至不知道基因存在的时期发展起来的观念。其中还有一些颇具诗意的故事呢。

圣乔治·杰克逊·米瓦特（1827—1900）生于伦敦一个虔诚的福音派信徒家庭。他的父亲从男管家做起，后来拥有了伦敦的一家大型酒店。父亲的职位使他有机会成长为一名绅士，能够从事自己喜欢的职业。与同时代的查尔斯·达尔文一样，米瓦特喜爱自然。小时候他就喜欢采集昆虫、植物和矿石，并写下丰富多彩的野外笔记，做好精细的分类。米瓦特似乎注定要走上博物学研究的道路。

随后，米瓦特人生的重要主题——与强权的斗争——终于到来了。10多岁时，米瓦特逐渐对家庭的宗教信仰感到反感。在父母的错愕之中，他改信了罗马天主教。对于一个16岁的男孩来说，这一改变可谓大胆，却也带来了不幸的后果。因为当时英国的大学不招收天主教徒，所以信仰天主教意味着他无法就读牛津或剑桥大学，也无法参与任何博物学的相关活动。在这种情况下，他只有最后一个选择：进入律师学院学习法律。在律师学院，一个人的宗教信仰不会成为障碍。于是，米瓦特成了一名律师。

我们并不清楚米瓦特是否曾实际从事过律师工作，但博物学仍然是他的至爱。利用自己的绅士身份，他进入了科学家的上流社会，并在此结识了当时的重要人物，尤其是托马斯·亨利·赫胥黎（1825—1895）。不久之后，赫胥黎就成了公众中达尔文思想的杰出捍卫者。赫胥黎是一位技艺精湛的比较解剖学家，有一批热心的学生。米瓦特与这位伟人日渐亲密，在他的实验室里工作，甚至参加了赫胥黎的家庭聚会。在赫胥黎的指导之下，米瓦特在灵长类比较解剖学方面做出了一些对未来有重要影响的工作，尽管其中大部分只是描述性的。直至今日，这些对骨骼的详细描述依然能够派上用场。在1859年达尔文发表第一版《物种起源》的时候，米瓦特曾认为自己是达尔文新思想的支持者，这很有可能是受到了赫胥黎的热情的影响。

但是，正如他对待年幼时的宗教信仰一样，米瓦特对达尔文的思想产生了强烈的怀疑，并明智地反对达尔文的渐进论观点。他开始在公开场合表达自己的想法，一开始比较谦卑，随后逐渐变得强势。他整理了关于自己提出的反对观点的证据，并写了一份针对《物种起源》的回应。如果他还有一些博物学界的旧友，那也在他对达尔文著作名称中的一个词所做的更改中消耗殆尽了，他在回应中将达尔文的《物种起源》这个名字改为《物种产生》。

图 1–1　圣乔治·杰克逊·米瓦特，曾在进化论之争中表示全面反对

随后，米瓦特让天主教堂的日子也变得不好过了。他在教堂的期刊中写道，处女产子和教会教义永无谬误论与达尔文思想一样令人难以置信。随着《物种产生》发表，米瓦特几乎被逐出科学界。1900年，在米瓦特死前6周，天主教会因其著述将其正式开除教籍。

米瓦特对达尔文的挑战为维多利亚时代英国的智力“械斗”打开了一扇窗，并清晰地指出了许多人对达尔文思想的理解中存在的漏洞。在米瓦特的作品中，他以第三人称指代自己，以这种叙述方式发起攻击，意在使用语言给人们留下他思想开放的印象。他写道：“他一开始并没打算反对达尔文那令人着迷的理论。”

为了阐述自己的观点，米瓦特开始用重要章节列出他认为的达尔文理论的致命缺陷，他称之为“自然选择未能解释有用结构的最初阶段之处”。题目十分拗口，但概述了一个关键信息：达尔文一开始给演化预设了大量的过渡阶段——从一个物种到另一个物种。为了让演化起作用，这些过渡阶段需要是适应性的，并能够增加个体的生存能力。对米瓦特来说，这些过渡阶段并不太可信，例如飞行的起源。早期起源阶段的翅膀有什么样的作用？后期的古生物学家斯蒂芬·杰伊·古尔德将此称为“2%的翅膀问题”：鸟类祖先娇小的雏形翅膀出现之时，可能没有任何用处。在某些时候，这个翅膀可能长得足够大，能够帮助动物滑翔，但娇小的翅膀无论如何也不能帮助动物进行动力飞行。

米瓦特提出了一个又一个例子，表明这种过渡阶段令人难以相信。比目鱼的两只眼睛长在身体同一侧，长颈鹿拥有长长的脖子，一些鲸类长有鲸须，许多昆虫的花纹长得像树皮，诸如此类。眼睛微小的移动、延长的脖子，或者色彩的微妙变化能有什么作用？只有一片鲸须的嘴巴如何喂饱一整头鲸？在演化过程中，任何重大转变的端点之间都会出现无数的死胡同。

演化中的重大转变从来都不是只有一个器官发生改变，米瓦特是最先呼吁关注这一现象的科学家之一。准确地说，全身与该特征相关的部分都需要一起改变。如果动物没有能够在空气中呼吸的肺，那么逐渐演化出用于陆上行走的附肢又有什么用呢？或者，举另外一个鸟类飞行演化的例子。动力飞行需要许多不同的创新特征：翅膀、羽毛、中空的骨骼和快速的新陈代谢。骨骼沉重如大象或代谢缓慢如蝾螈的动物，演化出翅膀来也毫无用处。如果重大的演化阶段需要生物发生整体的改变，而且许多特征需要同时改变，那么这种重大的演化转变如何能够逐渐产生呢？

在米瓦特的观点发表后一个半世纪的时间里，许多对进化论的评论都以之为试金石。然而在当时，这些观点也成了达尔文重要思想之一的催化剂。

达尔文将米瓦特看作一名真正重要的评论家。他在1859年发表了《物种起源》第一版，米瓦特的巨著出现于1871年。在1872年出版的第六版（也是最后一版）《物种起源》中，达尔文增加了一个新的章节，回应以米瓦特为首的评论家们。

秉承维多利亚时代的辩论传统，达尔文在开头写道：“杰出的动物学家圣乔治·米瓦特先生最近收集了所有反对进化论的意见，并用令人钦佩的充满艺术性和力量的语言对此进行了阐述。正如华莱士先生和我本人所指出的，我和其他人也曾提出过这些见解。”他继续写道：“经过精心整理之后，这些意见形成了大量的论据。”

然后，达尔文只用了一个词就让米瓦特的批评陷入了沉默，随后又列举了很多他自己的例子。“在本卷中，米瓦特先生的所有异议都已考虑在内。其中，似乎颇受许多读者欢迎的一个新观点是‘自然选择不适合解释有用结构的初期阶段’。其实，这一主题与特征的渐变紧密相关，通常伴随功能的转变。”

我们再怎么高估这段话最后5个字对科学的重要性也不为过，因为它们蕴含了探索生命史上重大转变的新方式的种子。

这怎么可能呢？与往常一样，又是鱼类提供了洞察力。

呼吸空气

1798年拿破仑入侵埃及时，部队带去的不只是舰船、士兵和武器。拿破仑自认为是一名科学家，希望给埃及人带去改变，帮助他们控制尼罗河，改善其生活水平，并想了解他们的文化和自然历史。他的团队包括一些法国的顶尖工程师和科学家，其中就有艾蒂安·杰弗里·圣伊莱尔（1772—1844）。

时年26岁的圣伊莱尔是一个科学奇才，年纪轻轻就当上了巴黎自然历史博物馆的动物学部主任，也注定要成为一位空前

图 1–2　艾蒂安·杰弗里·圣伊莱尔，科学天才

伟大的解剖学家。在20多岁时，他就因对哺乳动物和鱼类的解剖描述而名声在外。拿破仑的团队在埃及的干河谷、绿洲和河流中发现的物种，都由他来负责解剖、分析和命名。其中有一条鱼的标本。巴黎博物馆馆长后来提及，正是这条鱼证明了拿破仑远征埃及的合理性。当然，根据罗塞塔石碑破译了埃及象形文字的商博良很有可能并不赞同这一观点。

这个生物有鳞片、鳍和尾部，看起来就像一条标准的鱼。圣伊莱尔时代的解剖描述内容十分复杂，通常有一群艺术家参与，他们用精美的、彩色的插图展示重要的细节。在这条鱼的头骨顶部后方接近肩部的位置有两个孔。这已经非常奇怪了，但真正令人惊奇的则是它的食道。通常来说，在鱼类的解剖描述中，食道并不重要，它只是一条连接口腔和胃部的简单管道。但这条鱼的食道则不同，它的两侧各有一个气囊。

当时，科学家已经知道了这种气囊（鱼鳔）的存在。他们在许多不同鱼类中都发现了它，就连德国著名诗人、哲学家歌德也曾提及。这种气囊在淡水鱼类和咸水鱼类中都存在。通过在鱼鳔中充气和放气，鱼类可以获得不同的浮力并借此停留在不同深度的水中。如同伴随着“下潜，下潜，下潜”的口号不停排出气体的潜水艇，鱼鳔中的气体密度发生改变，帮助鱼类适应不同的水深和水压。

进一步的解剖实验揭示了真正令人惊讶的事实：这些气囊通过一条小导管与食道相连。这条连接气囊与食道的小导管对圣伊莱尔的想法产生了深远的影响。

观察这些鱼类在野生环境中的状态更加印证了圣伊莱尔的推测。它们通过头后的孔洞吸入气体并吞下，甚至表现出一种同步的气体吞咽——用鼻子吸入大量的气体。这些用鼻孔吸气的鱼类被称为多鳍鱼，还常常会用吞下的气体发出其他声音，例如撞击声或呻吟声，可能是用于寻找配偶。

鱼鳔还有其他令人意外的功能：呼吸空气。气囊周围密布血管，指示鱼类会利用这一系统摄取氧气进入循环系统。更重要的是，鱼类通过头顶的孔洞呼吸并使气囊中充满空气时，身体仍在水中。

这是一条既有鱼鳃，又有能够呼吸空气的器官的鱼。无须多言，这条鱼轰动一时。

远征埃及的数十年后，为了庆祝一位奥地利公主的婚礼，一个奥地利探险队被派往亚马孙地区。探险队收集了各种昆虫、蛙类和植物标本，命名新的物种向皇家致敬。其中一个发现是一种新型鱼类。这种鱼与其他鱼类一样拥有鳃和鳍，但它们体内确定无误地拥有一种管道系统：不是简单的气囊，而是一个拥有肺叶、血液供应以及与真正的人类肺部特征类似组织的器官。这个生物连接了两种重要的生命形式：鱼类和两栖动物。为了准确地表示出这种混乱状态，探险家将其命名为美洲肺鱼（*Lepidosiren paradoxa*）——拉丁名含义为“荒谬的、有鳞的蝾螈”。

随便你怎么称呼它们——鱼、两栖动物或其他，这些生物拥有水中生活所需的鳍和鳃，也有在空气中呼吸所需的肺。而且它们并不孤单。1860年，在澳大利亚昆士兰发现了另一种有肺的鱼类。这种鱼还有非常奇怪的牙齿，形状仿佛扁平的饼干模具。这种牙齿属于一种灭绝已久的动物化石——角齿鱼（*Ceratodus*），发现于两亿年前的岩层中。这一发现的含义非常明确：有肺的、能呼吸空气的鱼类遍布全球，并已经在地球上存在了数亿年之久。

独特的视角可能会改变我们看待世界的方式。鱼的肺与鳔催生出了一代通过观察对比化石和现生生物来探索生命演化的科学家。化石显示了远古时代的生活，现生生物则揭示了解剖结构的工作原理，以及生物从卵到成年的过程中器官的发育过程。正如我们将要看到的那样，这是一种强有力的研究方法。

对于秉承达尔文思想的科学家来说，将化石研究和胚胎联系起来是一个成果丰硕的领域。巴什福德·迪安（1867—1928）在学术界具有非同寻常的成就，因为他是唯一一个在大都会艺术博物馆和中央公园对面的美国自然历史博物馆都策划过展览的人。生活中有两件事情让他充满激情：鱼类化石和战斗盔甲。他为大都会艺术博物馆收集古代盔甲藏品并设立展览，对自然历史博物馆的鱼类标本藏品也是如此。与他的兴趣爱好一样，他的性格也相当古怪。他自己设计盔甲，甚至还穿着它们走在曼哈顿街头。

脱下中世纪的外衣时，巴什福德·迪安是一名古代鱼类研究

图 1–3　肺鱼既有鳃也有肺。当水中溶解的氧气无法满足需要时，它们像人类一样，利用肺呼吸空气。其他鱼没有肺但有鱼鳔，用于增加浮力

专家。他相信，在从胚胎到成年的发育过程中的某个阶段，隐藏着生命史奥秘的答案，以及现代鱼类从其古代祖先延续至今的机制。通过将鱼类胚胎与化石进行比较并回顾当时的解剖学实验工作，迪安发现，肺和鱼鳔的发育过程在本质上是相同的。这两个器官都源自肠管，并且都形成气囊；二者主要的区别是鱼鳔源自肠管的顶部、靠近脊柱的位置，而肺源自肠管的底部（或腹侧）。根据这些观察，迪安辩称鱼鳔和肺是同一个器官的不同版本，拥有同样的发育过程。实际上，除鲨鱼之外的所有鱼类都拥有某种形式的气囊。正如许多其他科学观点一样，迪安的这一比较观察历史悠久，在一些19世纪的德国解剖学著作中就有其原型存在。

但是，气囊对解释米瓦特的批评和达尔文的回应有何帮助呢？

其实，许多鱼类都可以长时间呼吸空气。6英寸[①]长的弹涂鱼能够在泥滩上行走和存活超过24个小时。鱼如其名，攀鲈可以根据需要在不同池塘之间移动，在此过程中有时甚至可以攀爬并跨越树枝。攀鲈只是一例，当水中的氧气浓度下降时，共有数百种鱼类可以通过吞咽空气来获取氧气。这些鱼类是怎么做到的呢？

有些种类的鱼，例如弹涂鱼，可以通过皮肤吸收氧气。其他一些鱼类的鳃上方有一个特殊的气体交换器官。某些种类的鲇鱼及其他一些物种可以通过肠管吸收氧气：它们像吞食物一样吞

① 1英寸＝2.54厘米。——编者注

下空气来呼吸。此外，许多鱼类拥有成对的肺，看起来与我们的肺别无二致。肺鱼大部分时间都生活在水中，用鳃呼吸，但是当水中的氧气含量不足以维持其新陈代谢时，它们就会涌向水面并将空气吞入肺部。而对于这些怪鱼来说，呼吸并非意外，而是日常。

最近，康奈尔大学的研究人员使用新的基因技术重新比较了鱼鳔与肺。他们想解决的问题是：在发育过程中，哪些基因参与了鱼鳔的形成？通过检查鱼类胚胎中活跃的基因，他们发现了让迪安和达尔文都满意的东西。参与形成鱼鳔的基因与参与形成鱼类和人类肺的基因是同样的。几乎所有鱼类都有气囊，有些鱼类将其作为肺进行呼吸，而另一些鱼类将其用作浮力设备——鱼鳔。

这就是达尔文对米瓦特的回答如此有先见之明的地方。DNA清楚地表明，肺鱼、多鳍鱼以及其他拥有肺的鱼类是与陆地脊椎动物亲缘关系最近的现生鱼类。肺并不是某些生物在演化出陆地行走能力时突然出现的发明。在动物踏上坚硬的土地之前，鱼类已经能够利用肺顺畅地呼吸了。鱼类的后代踏上陆地，这一过程并未创造新的器官，而是改造了已有器官的功能。另外，几乎所有鱼类都具有某种形式的气囊，无论是肺还是鱼鳔。气囊从服务于水中生活，转变为使生物能够呼吸空气并在陆地上生活的器官。这一改变不涉及新器官的起源；相反，正如达尔文更通俗的说法那样，这种转变“伴随着功能的改变”。

产生鼓翼

米瓦特用以攻击达尔文的工具不是鱼类或两栖动物，而是鸟类。当时，飞行的起源还是一个巨大的谜团。在1859年面世的第一版《物种起源》中，达尔文做出了非常具体的推测。如果他关于地球生命共同祖先的理论是正确的，那么化石记录中应该有中间产物，它们代表了不同生命形式之间的过渡。当时，这些化石尚不为人所知，更不用说将天上的飞鸟与地面的生物联系起来的生物化石了。

但是，达尔文不必等待很长时间。1861年，德国一个石灰岩采石场的工人发现了一枚精美的化石。采石场中细腻的石灰岩是制造平版印刷术（当时的印刷工艺）石板的理想石材。石灰岩形成于非常稳定的湖泊环境中，任何沉积其中的东西都不会受到干扰。因此，这些岩石可以将化石近乎完美地保存下来。

这块石板上留有奇怪的印痕，保存了一种长长的羽状的东西，像一根形状完美的羽毛。但是，为什么在这些岩石里会出现羽毛则不得而知。

这些保留有羽毛的独特石灰岩可以追溯到远古的侏罗纪时代。在此发现之前的几十年，德国贵族、博物学家亚历山大·冯·洪堡（1769—1859）在法国和瑞士之间的侏罗山中发现了绵延数英里[①]的独特石灰岩。鉴于这一石灰岩层的鲜明特征，

---

① 1英里≈1.6千米。——编者注

冯·洪堡称其为侏罗系，表示其可能追溯到地球历史上一个特殊时代。不久之后，其他科学家注意到侏罗系地层经常富含化石，例如被称为菊石的大型螺旋状带壳生物。人们在世界其他地方也发现了类似的化石，这促使研究人员认识到侏罗系是一套更具全球性的独特地层，而不只是局限于法国和瑞士地区。

随后，19世纪初期，在英格兰的侏罗系岩层中发现了大颗牙齿和下颌骨。世界各地开始意外冒出类似的发现。人们很快就清楚地认识到，侏罗纪①不仅是菊石的时代，也是恐龙的时代。羽毛印痕还揭示了更多的信息。侏罗纪时期，曾有鸟类从陆生恐龙的头上飞过吗？

这枚单独的羽毛化石令人着迷。也许它曾经附着于侏罗纪鸟类的身上？也许某些未知的生物也有羽毛？我们并不能排除这种假设。

在1861年发现羽毛化石之后的几年，一位农夫出售了另一枚化石，以便换回些钱去看病。该化石与上述单独的羽毛来自同一石灰岩层。购买它的医生是一位训练有素的解剖学家，对化石充满热情。因此，他一眼就看出这不是普通的石灰岩板。里面的化石的身体和尾部有羽毛状的印痕，而且这些羽毛印痕附着在一套几乎完整的骨架上，其骨骼中空，前肢形成翅膀。医生深知这件标本的价值，为之举行了一场竞标，最终大英博物馆出价750英镑得到了这件标本。

① 侏罗纪，侏罗系地层所形成的年代。——译者注

随后的15年中，越来越多的此类标本现世。19世纪70年代中期，一位名叫雅各布·尼迈耶的农夫以一头母牛的价格将一枚化石卖给了采石场所有者。采石场所有者听说了前面提到的那位著名医生，又于1881年将化石转卖给了他。后来，柏林自然历史博物馆以1 000英镑的价格购得这具骨骼标本。截至今天，一共发现了7件此类标本。

这种身披羽毛的生物被称为始祖鸟（*Archaeopteryx*），具有多种奇特的特征。像鸟类一样，它具有长满羽毛的翅膀和中空的骨骼。但不同于任何已知鸟类的是，它具有像食肉动物一样的牙齿和扁平的胸骨，并且在其翅膀末端的骨头上有三个尖锐的爪子。

对于达尔文的理论来说，这件标本发现的时间刚刚好。当托马斯·亨利·赫胥黎查看始祖鸟的牙齿、肢体和爪子时，他发现了始祖鸟和爬行动物之间高度的相似性。他将始祖鸟与另一种发现于侏罗纪石灰岩中的生物［一种被称为美颌龙（*Compsognathus*）的恐龙］进行了比较。除了是否拥有羽毛的区别之外，这两种生物大小相同，骨骼相似。赫胥黎因此宣称，始祖鸟是达尔文理论的证据，是爬行动物和鸟类之间的过渡。达尔文甚至在他的第四版《物种起源》中提到了始祖鸟："没有哪一件近期发现比这一件更有力地说明，我们对于过去生活在这个世界上的动物是多么的无知。"

赫胥黎等人进行的比较工作引发了广泛的争论。如果始祖鸟是鸟类与爬行动物有亲缘关系的证据，那么哪种爬行动物是它们的祖先呢？曾经有几个明确的候选动物，每种选择都有其支持者。有些人认为始祖鸟的长尾和头骨形状表明鸟类的祖先是蜥蜴似的小型食肉动物，另一些人则将鸟类与侏罗纪的另一类爬行动物翼龙进行了比较。后一种观点的问题在于，翼龙虽然有翅膀而且会飞，但构成它们翅膀的骨骼与鸟类截然不同。翼龙的翅膀由细长的第四指支撑，而鸟的翅膀则由羽毛和愈合的指部骨骼支撑。还有一些人则赞同赫胥黎对始祖鸟和小型恐龙的比较。

多年来，鸟类的祖先是某种恐龙的观点受到了来自各个方面的不同程度的反对。一位研究者声称找到了鸟类可能起源自恐龙这一理论的致命缺陷：鸟类具有叉骨，而恐龙与其他爬行动物不同，它们没有叉骨。还有其他研究人员认为恐龙和鸟类在生活方式和新陈代谢方面完全不同，因此恐龙绝不应被视为鸟类的祖先。当时的人们认为，除少数类群以外，恐龙多是缓慢移动的大型动物，与高度活跃的小型鸟类并不相似。对许多人来说，始祖鸟只是一只鸟，并没有为（爬行动物到鸟类的）过渡提供多少信息。关于鸟类起源的争论仍在继续，主要是因为米瓦特的关键性批判仍未解决：鸟类（包括始祖鸟）的羽毛以及所有其他独有特征是如何出现的？

恐龙是庞大又笨拙的动物，这一观念由来已久。这种观点的消亡也是如此，始于一位兼收并蓄的科学家的工作。像巴什福德·迪安一样，这位科学家也喜欢穿军装。

弗兰兹·诺普萨·冯·费尔斯–斯兹罗（1877—1933）被称为塞尔茨的诺普萨男爵，他是一个热情洋溢、知识渊博的人。当

图 1–4　身着阿尔巴尼亚制服的诺普萨男爵。像迪安一样，他研究了演化创新的悠久历史，并热爱运动装甲和军事领域

他18岁时，在位于特兰西瓦尼亚的家族庄园里，他发现了一些骨骼化石。自学了解剖学之后，他于1897年发表了正式的科学描述，将这些骨骼化石鉴定为大型恐龙。诺普萨后续又撰写了厚达700页的关于阿尔巴尼亚的地质学巨著，并用多种语言撰写了数十篇科学论文。他还曾担任奥地利的间谍，并努力组织阿尔巴尼亚人民为获得自由而反抗土耳其。男爵的真正梦想是登上阿尔巴尼亚的王位。可悲的是，后来他背上了沉重的债务，开枪打死了情人，然后将枪口对准自己，就此终结一生。

在1895年从家族庄园中发掘出骨骼之后，诺普萨收集了大量的化石，并研究了特兰西瓦尼亚的恐龙。东欧地区的岩石中保存着这些恐龙的骨骼和足迹化石。凝视着保留在岩石中的足迹，他仿佛看到了活生生的恐龙在泥泞中行走。泥泞中的痕迹表明，留下这些足迹的动物显然可以快速奔跑。这些动物重重地踩在地面上，足迹间的距离表明它们正在大步奔跑。显然，恐龙远不是大象那样缓慢移动的野兽，而是奔跑迅捷且活跃的捕食者。诺普萨进而将这个观点向前推进了一步：由于跑动的恐龙必须快速移动且身体轻盈，因此它们很适合成为鸟类的祖先。在他看来，对速度的需求会促使这些动物跃向空中，而羽毛状的翅膀会帮助这些鸟类的祖先拍打前肢，以便增加奔跑速度并捕捉猎物。

当诺普萨于1923年发表自己的观点时，他遭遇了大多数科学家的噩梦：他被无视了。当时，耶鲁大学著名古生物学家马什强势地发表了长期占主导地位的观点，认为恐龙体型很大且移动缓慢，而鸟类起源于滑翔的祖先。动力飞行大概起源于利用滑翔从一个树枝移动到另一个树枝的树栖动物。随着时间流逝，这些滑翔动物中演化出了动力飞行。从青蛙和蛇到松鼠和狐猴，当今存在的各种滑翔动物都展示着这种理论的直观吸引力。由于滑翔比飞行需要相对较少的复杂发明，因此滑翔似乎是动力飞行起源中合乎逻辑的第一步。

20世纪60年代，当时耶鲁大学的初级研究科学家约翰·奥斯特罗姆正在研究鸭嘴龙的生活方式。这些人们熟悉的爬行动物是博物馆的常客，几乎所有大型博物馆中都有鸭嘴龙标本。它们的头上有巨大的嵴，这些嵴从它们因之得名的喙部以上突起。多年以来，博物馆的展览都将它们描绘为移动缓慢的食草动物，认为它们像大象那样用四足行走。但是，随着奥斯特罗姆对鸭嘴龙的骨骼进行更多的观察，他越发觉得这种描述不合情理。鸭嘴龙的前肢相对较短，对于四足行走的动物来说，弱小的前肢搭配粗壮的后肢会让它们不得不拱起后背，缩成一团。此外，后肢骨骼上的嵴和突起显示，相关的运动肌肉十分强壮。综上所述，这些观察结果暗示鸭嘴龙很可能是双足行走的。奥斯特罗姆进一步指出：他认为鸭嘴龙不是大象那样四足行走的笨拙野兽，而是相对灵活的两足动物。他称之为“两足的野牛”。

20世纪60年代，奥斯特罗姆来到怀俄明州的荒地，这一行动将赋予源自19世纪初的米瓦特—达尔文之争新的意义。像大多数古生物学家一样，奥斯特罗姆也有两种生活：在校园里，他是一位守旧的学者和老师；一旦暑假来临，他则会投入尘土飞扬、崎岖坎坷的探险生活。1964年8月，他正在蒙大拿州布里奇镇附近对一次普通野外工作进行收尾，寻找下一年工作的地点。漫步在峭壁的边缘时，他和助手突然被岩石上伸出的东西拦住了。这东西是一只大约6英寸长的动物前肢化石。后来，奥斯特罗姆在描述这段经历时说：“我们俩都急匆匆跑下了斜坡，冲向化石点。”他们之所以这么急迫，是因为这段前肢上伸出来的东西：锋利而巨大的爪子。他们以前从未见过这样的爪子。

由于这是野外工作最后一天的勘察，他们并没有随身携带发掘工具。读过本段的古生物学生请千万不要效仿他们接下来做的事情：他们激动地打破了古生物学野外工作的重要指导原则，用双手和小刀迅速地挖掘起来，使更多的化石部分暴露出来。第二天，他们带着合适的工具返回，又挖出了一只足和一些牙齿化石。这些牙齿是捕食者的牙齿，具有锐利的尖端和锯齿状的边缘。后来，又经过两年多的挖掘工作，他们清理出了这个动物化石的大部分骨架。

奥斯特罗姆挖掘的恐龙体型近似大狗，但它的骨头轻巧且中空。这只恐龙具有肌肉发达的尾巴，极为有力的后肢上长有爪子。爪子位于关节上，意味着它们可以用来捕杀猎物。奥斯特罗姆将这种野兽命名为恐爪龙（*Deinonychus*，希腊语为“可怕的爪子”）。在他后来的科学论文里，不同于那些干涩乏味的标准论文语句，他将恐爪龙形容为“酷爱食肉、高度敏捷，并且非常活跃”的动物。

恐爪龙的发现仅仅是一个开始。奥斯特罗姆及其追随者们改变了我们对恐龙的看法，并在此过程中展现了达尔文对米瓦特的回应的力量。他们观察了爬行动物骨头上的每个凹凸、孔洞等特征，并将它们与化石和现生鸟类的骨骼进行比较。他们很快得出结论，恐龙（特别是那些两足行走的类群）和鸟类具有许多共同特征。这些兽脚类恐龙具有一系列鸟类的特征，包括中空的骨骼和相对较快的生长速度。据此推测，它们可能是代谢速率较高且非常活跃的动物。

尽管这些恐龙与鸟类有很多相似之处，但它们缺少一个重要特征：羽毛。羽毛被视为鸟类的必备特征，与鸟类的成功生存和飞行的起源有关。

1997年，古脊椎动物学会在位于纽约的美国自然历史博物馆举行会议。我们参会的大多数人都知道，那次会议上将有奇怪的事情发生。这种国际会议通常有固定的安排，鸡尾酒会和社交活动穿插在演讲和海报报告之间。当时，学会的成员常分为不同的圈子，主要是按照他们所研究的生物来区分，例如研究哺乳动物的人员将参加哺乳动物的报告，研究鱼类的古生物学家将参加鱼类的讲座。我们会互相打个招呼，然后去听自己感兴趣的报告。

但1997年与众不同，每个大厅和每个小圈子都在窃窃私语："你看到了吗？""是真的吗？"

来自中国的同行向大家展示了辽宁省的农民发现的一种新型野兽化石的照片。它具有中空的骨骼，前后肢都长有爪子，还有长长的尾巴，具有恐爪龙类的所有特征。这枚化石保存得非常精美，它埋藏在细腻的岩石中，还保留了石化的软组织印痕或碎片。这就是人们窃窃私语的原因：围绕恐龙身体的印痕无疑正是羽毛。这不是现生鸟类典型的羽毛，而是非常简单的绒毛。也就是说，这只恐龙的体表覆盖着一种原始的羽毛。

奥斯特罗姆也出席了这次会议。当时我还是一名初出茅庐的科学家，还记得在会间休息时见到他正与另一位资深的古生物学家交谈。他竟然在哭——30年有争议的工作终于被一枚化石证明了。用他当时的话说："第一次看到照片时，我真的差点儿跪下。这种恐龙体表的覆盖物明显不同于我们先前在世界任何地方看到的东西。"他后来又说："我从来都没敢想过，这辈子会见到这样的事情。"

1997年我们在纽约看到了带羽毛恐龙，这只是在中国新发

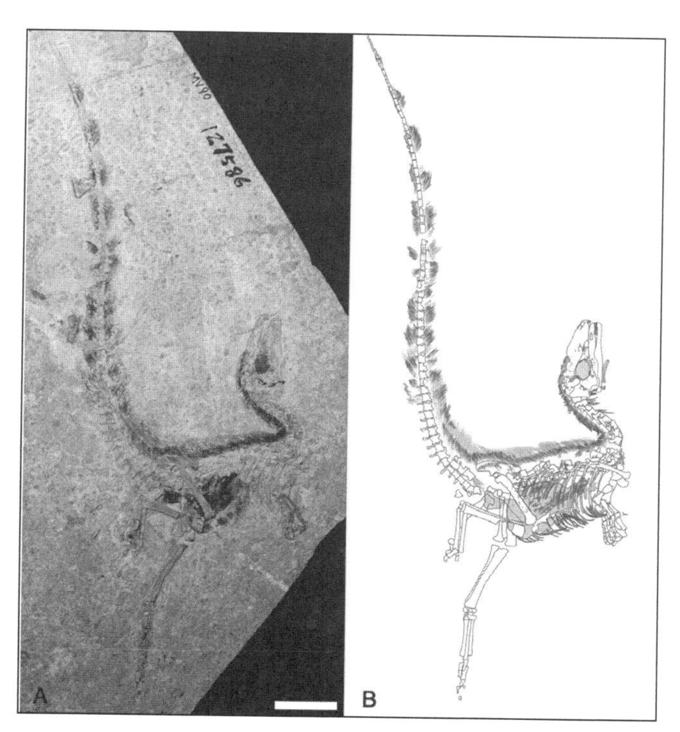

图 1-5　带羽毛的恐龙证实了奥斯特罗姆等认为恐龙是鸟类近亲的观点

现的化石浪潮的第一波。在随后的几十年中，在中国发现了大约12种带羽毛的恐龙。这些恐龙汇集成了一幅长有各种羽毛的兽脚类恐龙的画卷。其中最原始的恐龙长有简单的管状羽毛，而与始祖鸟和鸟类关系最密切的恐龙长有真正的羽毛——这种羽毛具有中央的羽轴和两侧向外延伸的羽枝。羽毛已经不再是鸟类的独有特征，它们存在于几乎所有食肉恐龙的身上。

鸟类与众不同的地方不仅仅在于羽毛：它们具有叉骨、翅膀和专门适用于飞行的腕部骨骼。鸟类翅膀的骨骼模式为肱骨、尺骨和桡骨、腕骨和手指的组合。鸟类的前肢只有3根手指，而不是5根；中间的手指较长，是羽毛附着的地方。鸟类的腕骨较少，其中一块腕骨形状像一个大的新月，研究者恰如其分地将其命名为半月形腕骨。

我们接触到的证据越多，就越能看到鸟类用来飞翔的解剖学发明（例如羽毛）并不是它们独有的。随着时间流逝，食肉恐龙逐渐变得越来越像鸟类。原始的食肉恐龙曾有5根手指。经过数千万年的时间，它们逐渐失去了一些手指，直到像鸟类一样只剩下3根手指，其中包括一根较长的被鸟类用作翅膀基底的中指。像鸟类一样，这些恐龙失去了一些腕骨，演化出半月形腕骨，类似于鸟类在扑翼飞行中使用的骨骼；它们甚至具有叉骨。这些恐龙不能飞行，但是它们都具有某种羽毛，从原始类群体表覆盖的简单绒羽，到诸如始祖鸟和后来的恐龙等所具有的结构更为复杂的羽毛。那么，羽毛在恐龙身上发挥着什么作用呢？一些古生物学家提出，羽毛可以作为一种展示特征来帮助它们寻找伴侣。还有一些人则认为，原始的绒羽可以作为一种保温材料，使身体内部保持温暖。羽毛可能兼具这两种作用。不过，无论羽毛在恐龙身上的功能是什么，它们的起源都绝对与飞行无关。

就像脊椎动物登陆过程中的肺和附肢一样，用于飞行的发明早在飞行起源之前就已经出现。中空的骨骼、快速的生长发育、高效的新陈代谢、类似翅膀的前肢、铰链关节的手腕，当然还有羽毛，这些特征最初都起源于生活在地面上的恐龙。这些恐龙迅速奔跑，捕捉猎物。这一演化过程中的主要变化不是发明新的器官，而是为旧的器官发明新的用途和功能。

众所周知，羽毛的出现是为了帮助鸟类飞行，而肺的出现使动物能够在陆地上生活。这些概念合乎逻辑、显而易见，但是完全错误。更重要的是，一个多世纪之前，我们就已经知道了。

一个并不太隐蔽的秘密是，生物创新从来不是伴随着与之相关的巨大转变而出现的。羽毛并不是出现在飞行演化的过程中，肺和附肢也不是出现在脊椎动物登上陆地的过程中。更重要的是，如果没有这些创新，生命史上的重大变革以及其他类似的转变将不可能发生。生命史上的重大转变不必等待许多创新同时出现，而是通过给已有的结构赋予新的功能来实现的。早在很久之前，创新的前体就已经存在了。事情并非始于你认为它们开始的时候。

这就是通过演化来实现革新的故事。生命史中变化的道路是曲折的，到处都是弯路、死胡同，以及仅仅是因为它们出现的时机不对就失败了的创新。达尔文提出的5个字，认为许多创新是通过已有特征的功能转变实现的，为我们理解器官、蛋白质甚至DNA的起源铺平了道路。

但是，鱼类、恐龙和人类的身体并不是在受精时就完全形成，而是根据亲代传给后代的基因在每一代中重新构建。这些生物发明的精髓就在于这些基因。正如达尔文所预见的那样，身体构造可能在一种环境下出现，而在另一种环境下被赋予新的功能（正如我们即将看到的那样）。

第

2

章

胚胎的想法

现代分类学之父卡尔·林奈（1707—1778）一生中研究了成百上千种动植物。他的科学分类中几乎没有任何感性因素——仅有一次例外。在林奈研究的数千种动物中，他特别保留了一种动物用于表达轻蔑和嘲笑。孩子们都知道蝾螈是一种长着大眼睛的温柔动物，有着大大的脑袋、长长的四肢和尾巴。但是出于某种未知的原因，林奈认为它们是“肮脏而令人讨厌的动物”，因此庆幸“创造者没有制造太多的蝾螈”。

如果林奈认为蝾螈是造物的底线，那么其他人则将它们视为原始的，甚至是有魔法的生物。从老普林尼到奥古斯丁，哲学家将蝾螈想象成从熔岩、地狱或火焰中诞生的生物。对奥古斯丁而言，蝾螈是有人真的因诅咒而葬身火海的切实证据。奥古斯丁的观点源于一种说法，即蝾螈能抵抗火焰或从篝火中涌出。这些超能力可能反映出它们的某些生物学特征。正如水族馆管理员和蝾螈爱好者所知，一些种类的蝾螈喜欢藏身在腐烂的原木底面。在奥古斯丁的年代，人们捡拾柴火的时候无意间捡到了这些藏着蝾螈的原木。当他们点燃原木后看到蝾螈从里面跑出来时，无疑会惊呼“这是什么邪恶的东西”。

尽管世界上蝾螈的种类相对较少（根据最近的一些估计，大概有500种），但它们与人类的关系远不止内心的仇恨、诅咒的念头和火中诞生的生命。它们一直是一种新研究方法的催化剂，而这种方法可以用来理解生命史上的重大转变。

在19世纪头10年，动物探险之旅遍及大洲、山脉和丛林。科学家描述了成千上万种新的矿物、物种和手工艺品。勘探船上通常有一位博物学家，他的工作是收集和研究沿途所遇到的物种、岩石和景观。能够对随探险队抵达伦敦、巴黎和柏林的码头和火车站的标本进行分析并发表结果的人，将名噪一时。

如果说有人生来就是动物学家，那么巴黎自然历史博物馆的教授奥古斯特·杜美瑞（1812—1870）正是这样一个人。他像他的父亲安德烈·杜美瑞一样，也是博物馆的长期教授，热衷于研究爬行动物和昆虫。父子俩合作开展研究，并共同在博物馆里建立一个动物园。如此一来，除了动物标本之外，他们还能直接观察活体动物。老杜美瑞借用儿子的解剖描述，发表了颇具影响力的动物界分类观点。当安德烈于1860年去世后，奥古斯特开始报复式地描述新物种。

1864年1月，奥古斯特·杜美瑞从一个探险队那里得到了6只蝾螈，他们在探索墨西哥城外的一个湖泊时采集了这些蝾螈。这是一种大型成年蝾螈，与当时已知的任何成年蝾螈都不同，它们有全套的羽状外鳃，如成簇的羽毛一样从头的基部向外伸出。这些生物的背部甚至还有一条脊，一直延伸到鳍状的尾巴。这些特性明显意味着：这些成年蝾螈生活在水中，具有鳃和水生生物的体形。

探险家们并不知道蝾螈在阿兹特克文化中历史悠久。虽然科学界是第一次见到蝾螈，但在墨西哥，蝾螈是人们最喜欢的美食之一，经过烤制之后通常为盛宴和特殊仪式所用。

在达尔文提出的进化论的提示下，奥古斯特认为这些水生两栖动物可能为鱼类如何演化出陆地行走能力提供线索。他将这些新宝贝饲养在他和父亲建造的动物园中。幸运的是，其中有雄性也有雌性。大约一年后，奥古斯特让它们进行交配并产生受精卵。1865年，这些卵孵化出了非常健康的蝾螈幼体。蝾螈很好养，条件合适的话，在很长一段时间内只需要不多的食物即可存活。在奥古斯特的饲养下，一切进展顺利，因此他也没怎么关注它们。

那年的下半年，奥古斯特终于想起来去看一眼养蝾螈的围栏。这一看不要紧，他的第一个想法是一定有人动了他的笼子！因为现在里面出现了两种蝾螈。首先，里面有原来的蝾螈父母——大型水生有鳃的成年个体。但是，它们旁边还有另一种蝾螈：这些蝾螈的体型也很大，但看起来完全是陆地生物，没有鳃，也没有水生的尾巴，没有任何迹象表明它们可以栖息在水中。通过仔细观察它们的解剖结构，并与科学文献中已经描述过的物种进行比较，奥古斯特意识到，这些所谓的新生物早在几年前就已被科学家命名了。它们具有钝口螈属（*Ambystoma*）的确

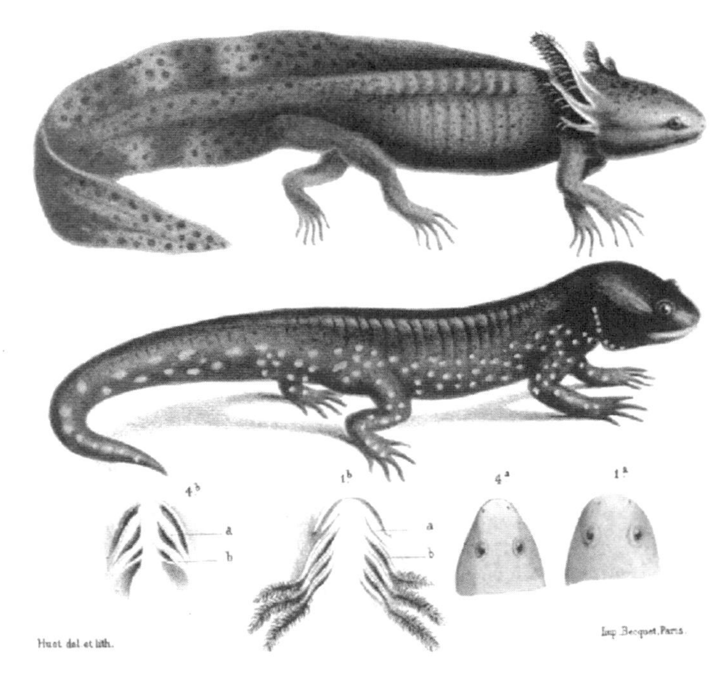

图 2–1　杜美瑞的两种蝾螈

切特征，是一种广为人知的陆生蝾螈。

这两种蝾螈差别如此之大，以至于根据林奈的分类方案，它们完全可以被归为两个不同的属，而不是种。这就好像奥古斯特把黑猩猩放进笼子，结果第二年发现笼子里大猩猩和黑猩猩其乐融融地住在一起。

一个全新的物种凭空出现了吗？奥古斯特的笼子里发生了什么重大转变吗？这一次，蝾螈又揭示了什么魔法？

发育的故事

几个世纪以来，人们一直凭直觉将胚胎看作从卵到成体的转变过程，为揭示物种之间产生差异的途径提供线索。确实，在杜美瑞因蝾螈而困惑的那个时代，无论是鱼、青蛙还是鸡的胚胎发育都被看作观察地球上各种动物的生物多样性的透镜。

自从亚里士多德窥视鸡蛋以来，鸡胚就一直令人着迷。小鸡们进入自己那可以像窗户一样打开的容器。你可以在蛋壳上切一个洞，让光线从蛋的侧面射入，然后将蛋放在显微镜下观察里面的胚胎。胚胎开始于蛋黄顶部的一小团白色细胞。时间一天天过去，胚胎逐渐长大，出现各种可以识别的标志——头、尾、背部、翅膀和腿。这个过程感觉就像是一场精心编写的舞剧。最初，受精卵经历了一系列分裂，一个细胞变成两个，两个变成四个，四个变成八个，依此类推。随着细胞增殖，胚胎最终变成了一个细胞团。几天后，胚胎从一个空心球变成简单的细胞盘，周围的细胞负责保护和提供营养，并为胚胎发育创造合适的环境。最终，一个完整的生物体会从这个简单的细胞盘中孕育而出，难怪胚胎发育会成为推测和科学研究的来源。

查尔斯 · 邦尼特（1720—1793）认为，从本质上讲，胚胎是一个微小却完善的个体，在子宫中度过的时间只是用来让已经存在的器官长大。这些被称为“*homunculi*”（拉丁语“小人”的意思）的东西是他的演化观念的基础。女性体内携带着所有的潜在后代。她们携带的“小人”能够在灾难中幸存下来，随着历史的脚步前进，新的生命形式将从前几代女性中产生。在将来的某个时候，最终将有天使在人类子宫内诞生。

在随后的一个世纪中，人们将各种各样的胚胎带进实验室，利用新的光学技术对它们进行研究。在那些看到了真正胚胎的科学家面前，邦尼特的观点消亡了，但科学家仍在探索，试图搞清楚大象、鸟类和鱼类等差异巨大的生物是如何形成的。

1816年，两名医学生率先发现了关于胚胎内部生物多样性的深刻见解。卡尔 · 厄恩斯特 · 冯 · 贝尔（1792—1876）和克里斯蒂安 · 潘德（1794—1865）都来自波罗的海沿岸德语区的贵族家庭。他俩都就读于维尔茨堡医学院，并从亚里士多德那里得到了提示，开始研究鸡胚。潘德孵化了数千枚鸡蛋，将它们在不同的发育阶段打开，然后在放大镜下观察器官的形成方式。在这一职业生涯的早期阶段，他与他的朋友相比有一个明显的优势：他来自一个富裕的家庭，有能力建造可容纳数千个鸡蛋的架子，雇用一名助手绘制胚胎示意图，并委托制作高质量的雕版用于出

图 2-2　卡尔·厄恩斯特·冯·贝尔

版。由于缺少潘德的财富，冯·贝尔沦为旁观者。

技术进步对潘德十分有利——他能够获得最先进的放大镜来放大观察组织和细胞。他拥有大量不同发育阶段的胚胎，并且使用最新的镜头对它们进行观察，因此他看到了人类从未见过的事物。处于发育最开始阶段的胚胎没有可识别的器官，完全不是邦尼特所设想的“小人”的样子。在早期发育阶段，胚胎看起来一点儿也不像成年个体，只是位于卵黄顶部的简单细胞盘。

潘德不仅对胚胎的外部形态感兴趣，他还想了解胚胎内部发生了什么。他将显微镜对准胚胎，发现刚开始时胚胎只是一个几粒沙子大小的简单细胞盘。在发育过程中，细胞盘变得越来越大，最终形成三层组织，像纸巾一样层层叠加。这一阶段的胚胎看起来就像三层的盘状蛋糕。

消耗了几千枚鸡蛋以后，潘德追踪了鸡胚从细胞盘发育到具有头、翅膀和腿的成年鸡的过程中，这三层组织所发生的变化。他也因此看到了器官的形成过程。

通过放大镜观察，并详细描绘每个可能的发育阶段，潘德在这一复杂过程中发现了一个简单而统一的概念。整个身体的结构都是由这三层细胞形成的。内层最终产生了内脏器官和与之相关的腺体，中间层形成骨骼和肌肉，而外层形成皮肤和神经系统。对于潘德和支持这些发现的冯·贝尔来说，这三层细胞是形成鸡的整个身体的核心组织原则。

冯·贝尔的直觉告诉他，从这三层细胞中可以得到更多的见解。遗憾的是，10年后冯·贝尔才在柯尼斯堡大学担任教授一职。在这之前由于缺乏资金，他无法进行自己的研究。凭借从新职位获得的收入，他终于能够探索大量关于不同物种胚胎的未知谜团了。热情有时使他误入歧途。为了找到哺乳动物产生卵子的器官，他牺牲了主任的爱犬。尽管哺乳动物卵细胞来自卵巢中卵泡的发现已经永远地与冯·贝尔联系在一起，但主任对他的实验方法的感受遗失在历史中。

冯·贝尔问道：令动物之间产生差异的机制是什么？从鱼到蜥蜴再到乌龟，他收集了尽可能多种多样的胚胎。他从动物的卵或子宫中取出胚胎，然后将它们放在小瓶中，用酒精防腐保存。然后，就像他的朋友潘德一样，他开始探寻这些动物发育的相同点和不同点。

冯·贝尔在放大镜下观察所有不同的物种，对动物的多样性做了基本的观察。每个物种的胚胎发育都始于三层细胞：内胚层，外胚层和中胚层。当他追踪这些细胞层时，他发现它们的命运在不同物种中是完全一样的。位于细胞盘底部的最深层的细胞形成了消化道器官和相关腺体，中胚层变成了肾脏、生殖器官、肌肉和骨骼，外胚层成为皮肤和神经系统。潘德最初的发现不仅适用于鸡，还适用于更多种类的动物。

这个简单的观察揭示了所有已知动物物种中所有器官之间的普遍联系。无论这个动物是深海的垂钓鱼还是翱翔的信天翁，它的心脏都来自中胚层细胞，大脑和脊髓来自外胚层细胞，而它的肠、胃和消化器官来自内胚层细胞。这个规则是如此基础，以至于如果你在地球上任何动物的身体中摘取任何器官，都可以知道这个器官是由哪个细胞层形成的。

然后，冯·贝尔犯了一个错误：忘了在其中几个装有不同物种胚胎的小瓶上添加标签。因此他不清楚小瓶中装的是哪种动物，不得不仔细观察，试图区分它们。在描述未标记的胚胎时，冯·贝尔写道："它们可能是蜥蜴、鸟或哺乳动物。这些动物的头部和躯干形成过程非常相似。在这些胚胎中还没有附肢。但是，由于蜥蜴和哺乳动物的附肢、鸟的翅膀和后肢以及人类的四肢都是从相同的基本形态发展来的，即使这些胚胎处于发育的最初阶段，也无法进行区分。"

因为标签的失误，冯·贝尔看到了动物生命的秩序在发育过程中不断展开，成年身体的差异通常掩盖了早期发育过程中意义深远的相似。尽管不同物种的成体甚至幼体可能看起来完全不同，但它们在发育的最早期阶段是非常相似的。

这些胚胎的相似之处深入细节。成年鱼类的头骨与成年龟类、鸟类或人类的头骨几乎毫无相似之处。但是受精后不久，所有这些动物胚胎的头部基部都会出现4个膨大的区域。这些膨大区域被称为鳃弓，它们之间连接处会在外部裂开。所有具有头部的脊椎动物在发育过程中都会形成鳃弓。确实，鳃弓的存在构成了不同动物头骨发育的基础。在鱼类中，膨大区域的内部细胞形成肌肉、神经、血管和骨骼，共同构成鱼鳃；分割膨大区域的裂缝形成鳃裂。虽然人类没有鳃，但我们在胚胎阶段也会出现这种膨大区域和鳃裂。人类膨大区的细胞变成部分下颌、中耳、喉咙和喉头的骨骼、肌肉、血管和神经，鳃裂则从未完全裂开，而是闭合后形成耳朵和喉咙的一部分。我们在胚胎期曾经拥有鳃裂，到成年后就没有了。

从肾脏和大脑到神经和脊髓，一个接一个的例子使冯·贝尔的论据变得有效且经得起推敲。包括鲨鱼在内的鱼类的脊髓下方有一条脊索从头延伸到尾巴，其中充满胶冻状物质，为身体提供了灵活的支撑。人的脊柱由椎骨组成，椎骨之间由椎间盘相互隔开，并没有连续的一整条脊索从我们的头部延伸到臀部。然而，我们的胚胎与鲨鱼等鱼类的胚胎有着本质的相似之处：它们都具有脊索。在发育过程中，脊索会分裂成小块，最终成为我们椎间盘的内在部分。如果你的椎间盘曾经裂过（绝对是一种痛苦的回忆），那么你已经损伤了我们与鲨鱼等鱼类共享的古老发育痕迹。

冯·贝尔对不同物种早期胚胎相似性的观察引起了达尔文的注意。冯·贝尔的研究成果发表于1828年，3年后达尔文注意到了这项成果，当时他正要随小猎犬号环游世界。当30年后达尔文发表《物种起源》时，他将胚胎发育作为进化论的一项证据。对于达尔文来说，鱼类、青蛙和人类等差异巨大的生物具有共同的起点（胚胎发育的共同起点）这一事实，意味着它们有着共同的演化历史。对于不同物种的共同祖先，有什么比共同的胚胎发育阶段更好的证据呢？

继冯·贝尔发现胚胎后，德国科学家厄恩斯特·海克尔（1834–1919）这位冯·贝尔下一代的科学家，探索了胚胎发育阶段与演化历史之间的联系。海克尔本来学医，但他无法看着病人受苦，因此他去了耶拿大学跟随一位顶尖的比较解剖学家学习。与达尔文观点的相遇改变了他的生活。

海克尔寻找各种动物的胚胎，并发表了100多篇描述和展示不同动物胚胎发育的论文。他认为艺术与生命之间可以无缝连接：生命的多样性对他而言是一种艺术。他制作了一些有史以来最精美的彩色石版画。他绘制的大量珊瑚、贝壳和胚胎的图示反映了那个用精细的解剖图谱将科学与美学联系起来的时代。其中，胚胎图示深受赞誉，不仅因为绘制精美，而且因为这些图示与达尔文的新理论相关。海克尔创造了一个短语将二者联系起来并一直引用至今，对20世纪许多学生物的人来说，它就像广告词一样挥之不去："个体发育是系统发育简单而快速的重演，也就是生物重演律。"

海克尔声称动物胚胎在发育过程中会追随生物的演化历史：小鼠胚胎先后看起来像蠕虫、鱼类、两栖动物和爬行动物。产生这些阶段的机制在于演化中新特征出现的方式。他提出，演化中的新功能总是出现在发育的最后阶段。例如，两栖动物的出现是通过在鱼类祖先发育的最后阶段增加两栖动物独有的特征实现的，而爬行动物在两栖动物中的起源也是如此。根据海克尔的说法，这一过程最终导致了生物演化历史在胚胎发育过程中的重演。

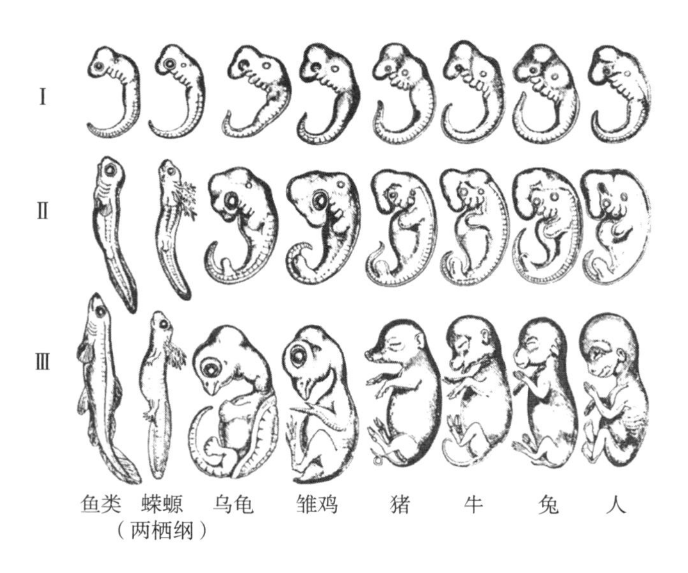

图 2–3　海克尔对比了不同物种的胚胎发育。这是一幅影响巨大也富有争议的图。有人争论说，他过度强调了胚胎之间的相似性，而且图示过于随意

如海克尔所言，如果能够在胚胎中看到生命演化的历史，谁又要到化石中寻找呢？海克尔的想法极具影响力，以至于人们专门派出探险队去搜寻不同物种的胚胎。在1912年由罗伯特·福尔肯·斯科特带队的那次南极探险中，有三名成员为搜寻帝企鹅蛋受尽折磨。探险家们认为，企鹅（当时被认为是十分原始的物种）的胚胎将为鸟类起源于爬行动物提供线索。在它们的胚胎发育过程中，将有某个类似爬行动物祖先的阶段。

在南方的深冬，这三名船员从基地出发乘坐雪橇前往克罗泽角（企鹅在那里觅食），为期一个月。当时的温度下降到零下51摄氏度，三人的帐篷被强风吹开，他们有时还会滑入裂缝，好几次差点儿死掉。三人中的阿普斯利·谢里-加勒德在他的经典游记《世界最险恶之旅》中写道，他们成功地带着三个企鹅蛋返回了营地。后来，斯科特和4名成员在这次南极探险中遇难，其中包括两名与加勒德一起寻找企鹅蛋的队员。他们想要最先登上南极点，但惨遭失败，并在返程中遇到危险。之后，谢里-加勒德返回英国，试图将企鹅蛋卖给大英博物馆。博物馆的人进去商量到底要不要留下这些蛋，并把他单独留在大厅好几个小时。最后，大英博物馆还是不情愿地买下了这些蛋，但正如谢里-加勒德后来写给博物馆负责人的信中所说："我交出了从克罗泽角带回的胚胎，这几乎使三个人丧命，使一个人失去健康……然而，你的代表从未说过感谢。"

博物馆不愿接受企鹅蛋的原因是，在探险队出发前往南极的这段时间里，海克尔的生命重演律受到了广泛质疑。此外，新的发现挑战了企鹅所谓的原始特征。海克尔对胚胎学的兴趣渐渐丧失，以至于为自己的衰落播下了种子。科学家渴望从胚胎中发现演化史，他们研究了各种动物的胚胎发育。尽管有一些例外，冯·贝尔关于不同物种的胚胎之间相似性的观点还是在很大程度上保留了下来。但是，新数据不支持海克尔的生命重演律；实际上，情况恰恰相反。在胚胎发育的任何阶段都看不到祖先的影子。尽管人类胚胎在某些方面看起来像鱼的胚胎，正如冯·贝尔所指出的那样，但在其发育过程中，从来都没有像过我们的任何祖先，无论是有腿的鱼还是南方古猿；同样地，鸟类的胚胎在发育过程中也从来看不出有始祖鸟的样子。

海克尔的想法是错误的，但它指引了无数科学家的研究。尽管已经有一个多世纪没人研究重演律了，但这不妨碍直到今天仍有人不断提到它。海克尔最持久的影响可能反而在那些最讨厌他观点的人身上。

美西螈的魔术

沃尔特·加斯坦格（1868—1949）看不上海克尔的理论，他提出的批评甚至引领了一种思考生命史的新方法。他有两项长期的（也许是古怪的）爱好：蝌蚪与诗歌。他不是在研究动物幼体，就是在写关于动物幼体的打油诗和歌谣。他的激情汇聚成了一本书，出版于其逝世后两年——《幼虫形式和其他诗歌》。在这本书中，他将职业科学研究转变成了诗歌。

《美西螈和沙隐虫》听起来不像是一个受欢迎的诗歌标题：它是指一种蝾螈（墨西哥钝口螈，又称美西螈）和一种蝌蚪似的动物（沙隐虫）。但是，诗中表达的思想改变了这个领域，并明确了数十年的研究计划。加斯坦格的观点不仅说明了杜美瑞的神奇动物园里发生的一切，还解释了一些让我们人类能够出现在这个星球上的生命变革。对于加斯坦格来说，变态发育动物的幼体阶段并不是简单的发育弯路；它们其实隐藏着丰富的生命史及未来可能发育的痕迹。

多数蝾螈一生的大部分时间都在水中度过，它们生活在岩石的下面、溪流中倒下的树枝上或池塘的底部。刚孵化出的蝾螈幼体有一个宽大的头、小小的鳍状附肢和宽阔的尾巴。一簇鳃从头的基部伸出，就像从鸡毛掸子的杆子上伸出来的一束羽毛。每一片鳃都宽阔且扁平，将从水中摄取氧气的表面最大化。这些鳍状的附肢、宽大的鳍状尾巴和鳃显然是为了适应水中生活而设计的。蝾螈卵中只有很少的卵黄，这意味着它们的幼体要生长发育就必须频繁地进食。它们宽阔的脑袋就像一个巨大的吸滤漏斗：当它们张开嘴巴扩大口腔时，水和食物颗粒就会被吸入口中。

然后，在变态发育时，一切都变了。幼体的鳃消失，并且重新构造了头骨、附肢和尾巴，从一种水生生物变成了陆生生物。新的器官和系统使成体蝾螈能够居住在新的环境中。陆地上的取食方式与水中不同：将食物吸入口中的头部结构在水中十分有用，却无法在空气中起作用。因此，这些蝾螈的头骨结构发生了改变，使舌头能够伸出来将猎物摄入口中。一个简单的转变影响了整个身体，包括鳃、头骨和循环系统。这种从水中生物到陆地生物的转变在我们的鱼类祖先中历经了数百万年，但在这些动物的变态发育过程中只需要几天就完成了。

杜美瑞在动物园中见识到了这些蝾螈的惊人变化之后，就追溯了它们的整个生命周期。这些蝾螈（加斯坦格诗中的美西螈）通常会从水生幼体经变态发育为陆生成体。但是，正如杜美瑞后来发现的那样，它们并非总是如此，会有两种可能性，这取决于幼体所处的环境。生长在干燥环境中的蝾螈将发生变态，逐渐丧失所有水生特性，成为陆生成体。那些在湿润环境中饲养的美西螈则不会经历变态发育这一过程，而是长得像大型水生幼体，拥有全套的鳃、鳍状的尾巴和适于水中捕食的宽大头部。当时杜美瑞并不知道，他从墨西哥得到的这些蝾螈是大型的幼体，由于潮湿的生活环境而未经历变态发育；而它们的后代生长在干燥的环境中，经历了变态发育，并在这一过程中失去了水生幼体的特征。

发生在杜美瑞的动物园中的魔术，是动物发育方式的简单转变。现在我们知道，导致变态发育的主要诱因是血液中甲状腺激素水平的升高。激素触发一些细胞凋亡，另一些细胞增殖，还有一些则转化为不同类型的组织。如果激素水平保持稳定，或者细胞不再对此做出反应，就不会发生变态发育，而这些生物的幼年特征会保持到成年期。发育过程中的变化，哪怕是很小的变化，都会导致整个身体发生相应的调整。

加斯坦格继承了杜美瑞的工作，提出了一个总体原则：发育过程中的微小变化可能会对演化产生巨大的影响。假设有一个发育阶段的原始序列，如果发育减缓或提前停止，那么后代看起来将像其祖先的幼年阶段。对于蝾螈来说，这种改变会使它们的身体看起来像水生幼体，保留着外鳃，而且四肢的手指和脚趾数目更少。如果发育速度加快，就会出现新的夸张的器官和身体部位。蜗牛在发育过程中通过添加螺纹来实现壳的生长。一些种类的蜗牛通过延长发育时间或加快发育速度，发生了演化。这些蜗牛的后代有比其祖先更多的螺纹层数。相同的过程也可以解释各种各样的大型或夸张的器官，比如驼鹿巨大的角或长颈鹿的长脖子。

图 2-4　蝾螈可以减缓或停止发育过程，使得身体形态出现巨大改变

改变胚胎发育过程可以创造出大量新的生命形式。甚至从加斯坦格的时代开始，科学家就已经为改变发育时间而产生演化变化的方式建立了分类标准。减慢发育速度与提前终止发育是不同的过程。尽管两种方式可以产生相似的结果——有幼体生理特征的后代，但其原因不同。当发育过程被加速或延长时，同样的机制会导致动物产生夸张或大型的特征。

在寻找不同原因的过程中，科学家探索了可能控制这些事件的基因或可能触发它们的激素（例如甲状腺激素）。在发育和演化中，这种现象被称为异时发育（*heterochrony*，来自希腊语，“hetero”意为“其他”，“chronos”意为“时间”），已成为演化研究的子领域。一个多世纪以来，在比较各种动物的胚胎和成年个体的过程中，动物学家和植物学家已经证明了发育时间的变化是如何在动物和植物中产生新型个体的。

加斯坦格亲自揭示了，在生命史中当我们的祖先还是蠕虫状态时一个令人震惊的例子。

脊椎从何而来

加斯坦格的诗歌《美西螈和沙隐虫》探讨了演化过程中两次最为经典的重大转变，这两次转变都是通过维持动物的幼体特征实现的。美西螈显示了过早停止发育时生物体产生的变化，幼体这个蝾螈生命中的过渡阶段成了发育的终点。沙隐虫（七鳃鳗幼体）是一种蠕虫形、拥有脊柱的小动物。[①]虽然它靠在水底安静地吸食泥沙过活，但其生物学特性讲述了一个宏大得多的故事。

两千多年前，亚里士多德鉴定并描述了数百种蜗牛、鱼类、

① 七鳃鳗终生保留脊索，没有真正的脊椎骨。——译者注

鸟类和哺乳动物。他将体内有血液的动物与没有血液的动物区分开来。这种区分可以宽泛地理解为我们今天所认识的脊椎动物和无脊椎动物。地球上有两种动物：有脊椎的动物和没有脊椎的动物。人、爬行动物、两栖动物和鱼类的身体，与苍蝇和蛤蜊的身体从根本上来说是不同的。冯·贝尔在鱼类、两栖动物、爬行动物和鸟类中看到了脊椎动物身体构造的核心：每种脊椎动物在胚胎发育的某个阶段都会出现鳃裂、一根支撑身体的脊索，以及一条背神经管。自冯·贝尔时期我们就知道，尽管其中有些特征可能在成体阶段已经消失，但在胚胎发育过程中还保留着。据此推测，脊椎动物的祖先可能是一种具有这三个特征的简单的蠕虫状生物。

对于加斯坦格以及许多与他同时代的人来说，关键问题是这种身体构造是如何出现的。无脊椎动物是否也具有类似的三个特征呢？如果是这样，那么我们所在的进化枝是如何从无脊椎动物演化而来的？无论是蚯蚓胚胎还是成体，都没有鳃裂或者脊索。昆虫、双壳贝类、海星等大多数无脊椎动物，也都没有这三个特征。答案来自一种最为意外的动物，一种长得像一勺冰激凌、几乎终生附着在海底岩石上的动物——海鞘。

海洋中大约有3 000种已知的海鞘，有的看起来像一勺冰激凌顶着一个烟囱。它们几十年如一日，坐在海底岩石上吞吐着海水。水从它们的身体顶部一根大管子中进入，流经整个身体，再从身体中心深处的一根管子中流出来。随着海水在身体中流动，它们过滤其中的有机质碎片为食。海鞘长得很奇特，有的聚成一丛，有的像扭曲的管子，但它们都没有明显的头、尾或前后之分。你很难想象能够从它们身上看到人类演化史上最基础的事件之一的发展历程。

加斯坦格对它们的幼体极感兴趣。他研究了一些值得注意的事情，这些最初是由19世纪早期的俄国生物学家发现的：当海鞘刚从卵中孵化出来时，它们长得像蝌蚪一样，可以自由地游动。后来它们经历了变态发育，沉入水底，附着在岩石上。如果有什么“蝌蚪”可以唤起人类的想象力，那就是海鞘的幼体了。它们自由游动的样子与成体一点儿也不像。它们有着大大的脑袋，通过前后摆动尾部来推动身体前进。在它们体内，一条神经管沿着背部延伸，还有一条结缔组织棒（脊索）从头延伸到尾；

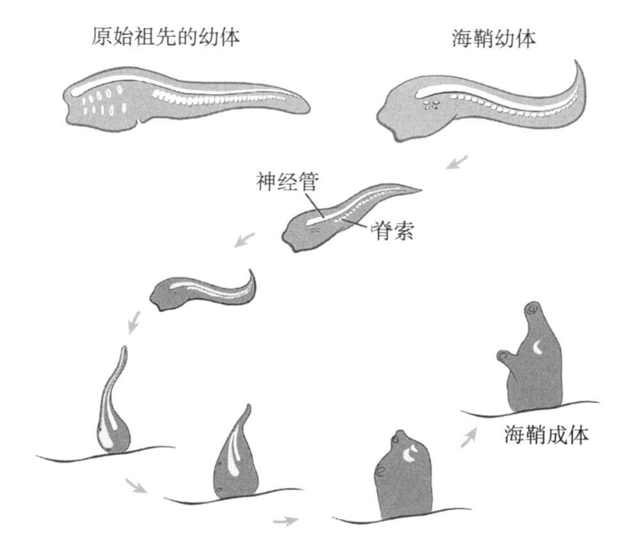

图 2–5　海鞘看起来像一个无定形的团块，但它在发育之初有许多与我们相同的特征

它们的头后甚至还有鳃裂。脊椎动物的假想祖先的三个基本特征，都可以在海鞘幼体中找到。

然后，随着发育进行，这些特征又在海鞘幼体中消失了，或者至少那些从以人类为中心的观点来看重要的特征消失了。几周后，蝌蚪状的海鞘幼体游到了水底。在下降的过程中，它逐渐失去了尾巴、神经管以及几乎整条结缔组织棒，鳃裂变成了抽水装置的一部分。它附着在岩石上，在余生中将成为一台固定的"抽水机"。一条有着脊椎动物身体基础构造的小蝌蚪，会变成让人误以为是植物的东西。

加斯坦格提出，发育过程中的转变是从无脊椎动物过渡到脊椎动物的第一步。成年人类或鱼类与海鞘毫无相似之处，因此许多人会觉得这种比较毫无道理。但是，海鞘的幼体阶段是关键。脊椎动物共同祖先的出现，是通过提前停止海鞘的发育，冻结幼体阶段的特征并使其保留至成年阶段实现的。结果就是出现了看起来像海鞘祖先幼体的成年动物个体。这种具有神经管、脊索和鳃裂的自由游泳的生物，将成为所有鱼类、两栖动物、爬行动物、鸟类和哺乳动物的共同祖先。

一幅惊人的图

由于发育的时间序列变化而产生演化的例子很多，如今很难找到哪个科学期刊不发表此类论文。不过，其中最具开创性的例子也可以说是最个人化的例子。

1820—1930年，是生物学界重要观点频出的时代。冯·贝尔、海克尔、达尔文、加斯坦格等许多科学家纷纷从解剖学、化石和胚胎中寻找规律，来解释动物为何以这种方式出现。同时，生命多样化的机制也逐渐为人所知。

在这种知识环境中，瑞士解剖学家阿道夫·内夫（1883—1949）开始在学术界崭露头角。他师从当时瑞士和意大利的一些行业领军人物，并跟随他们进行研究。1911年，他向哥哥描述，他的目标是构建"关于生物体模式的综合科学"。他说："对此我有许多新想法。"

内夫是一位细心的解剖学家，他知道一张好照片或图示对科学论证有重要的影响。然而，他的生活中有许多富有争议的方面。正如他在写给哥哥的信中所说："我的举止疏远了大多数人；有些人一直欣赏我，有些人则被迫接受我是一个纯粹的天才。比起朋友，我更期待的是敌人。"在较早的一封信中，他断言"瑞士没有像我一样顶级的天才"。由于持有这种态度，内夫一直无法在瑞士找到工作，因此他的大部分职业生涯都在开罗度过。

在开罗期间，内夫发展了一种生物多样性理论，反映了两千年前柏拉图的哲学思想。在《理想国》中，柏拉图认为不变的理念才是所有多样性背后的基础，多变的现实物体只不过是理念的实体表现。从水杯到房屋，再到柏拉图，所有物体的多样性都可以归结为形而上学的本质，从中衍生出各种实体表现形式。内夫将这个想法应用于生物的多样性。众所周知，在他的理想主义形态学中，动物的身体多样性也有共同的本质。对于内夫来说，动物胚胎发育过程中的相似之处正体现了这一精髓。

现在，内夫的理论框架已经基本被遗忘了，取而代之的是来自遗传学和演化关系的新数据。他最持久的贡献恰恰是他论证这一失败理论时所使用的一幅图。图中展示了黑猩猩幼崽和成年个体。内夫为黑猩猩幼崽前额隆起而直立的头部和较小的面部震惊，宣称“在我所知道的所有动物照片中，这是最像人的”。他试图展示人类的本质特征是如何在黑猩猩的个体发育早期出现的。他的理论也许是错的，但这张图片影响力如此之大，以至于在首次发表（1926年）数十年之后依然激励着科学研究进展。

图 2-6　内夫比较幼年黑猩猩与成年黑猩猩的著名图片。幼年个体很可能是一件剥制标本，被刻意突出了其与人类相似的比例和姿势

与成年黑猩猩相比，成年人的眉弓更低，大脑相对身体的比例更大，头骨线条更平滑，下颌更小，头骨比例也不同。就这些特征而言，成年人与幼年黑猩猩更像。人类的妊娠期和童年期也比黑猩猩更长——人类的发育速度似乎放慢了。通过减缓发育，人类保存了更多祖先幼年的比例和形态，正如内夫所展示的，（幼年黑猩猩的）这些特征非常像人。

这种观点成为观察大多数人类演化问题的窗口。古生物学家斯蒂芬·杰伊·古尔德和人类学家阿什利·蒙塔古随后观察到，人类的重要特征可以简单地通过调整黑猩猩生长发育的速度表现出来：成比例的大脑与我们的体型相称，童年时光充沛，有丰富的学习机会，而让我们与众不同的许多方面可能与发育时机的改变有关。尽管这种对人类演化的解释既简单又优雅，但新的比较表明，这不仅仅使发育的整体放缓。一些人类特征看起来像幼年黑猩猩的特征，但是其他特征（例如使人能够直立行走的腿和骨盆的形状）则不然。有一种假设是人体的不同部位会以不同的速度发育，颅骨通过减慢发育速度而演化出新特征，而腿和双脚则相反。

达西·温特沃斯·汤普森（1860—1948）根据解剖学思想，提出了一种研究生物多样性的数学方法。他的目标是将生物之间的形态差异简化为图表和方程式。

达西·汤普森在第一次世界大战期间撰写的著作《生长和形态》以及他简单明了的图示法，催生了许多解剖学的新职业。将黑猩猩幼崽和人类婴儿的头骨放置在笛卡儿网格中，使线穿过二者中的相似点。然后，对成年个体的头骨进行相同操作，使网格线穿过与幼崽（或婴儿）相同的位置。

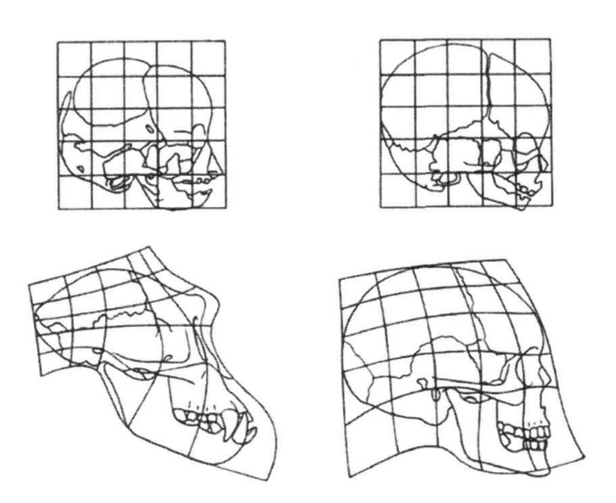

图 2-7 达西·汤普森的网格图展示了不同物种的许多骨骼形态差异源自比例的变化，正如在人类和黑猩猩中所示

结果显示，幼崽中整齐的网格线在成年个体中变得弯曲，变形程度反映了形状的变化。图示表明，在发育的开始阶段，黑猩猩和人类的比例相似，但随后黑猩猩颅骨的相对比例缩小，而下颌和眉弓则增大。在人类中，颅骨增大，而面部的增大程度适中。汤普森认为，人类与黑猩猩之间产生差异的原因并非新器官的出现，更多的是身体不同部位的比例改变，类似那些由于发育速度减缓或增加而导致的变化。

细胞解决一切

改变发育时序只是通过调整胚胎发育进行演化的其中一种方式。

自潘德在放大镜下研究胚胎的那一天起，我们就知道，身体不同部位的发育通常是高度协同的。一个细胞或几个细胞的运行发生简单变化，可能会改变成年人体的许多部位。这在我们给发育相关疾病所起的名字中可见一斑。例如，手足生殖器综合征是一种遗传突变，会影响发育早期的细胞行为。这种简单的变化会影响手指、脚部和输尿管的形状。由于这种微小改变可能导致大范围的影响，构成身体的细胞类型的变化可能为我们所见到的一些生命史中的革命性转变提供线索。

要了解这种演变方式，我们需要再回到海鞘身上。加斯坦格曾展示过，最近又被DNA证据所证实，海鞘幼体的特征保留到成年形成了脊椎动物的祖先，迈出了从无脊椎动物到脊椎动物转变的关键一步。这个蝌蚪似的成年动物具有脊椎动物身体的基本结构。但是，脊椎动物的起源中还有另一个关键步骤尚未解密。

人和鱼类等脊椎动物不只是简单的海鞘幼体。从支撑身体的骨架，到围绕神经的富脂髓鞘，到皮肤中的色素细胞，再到控制头部肌肉的神经，脊椎动物具有数百种无脊椎动物所没有的特征。无脊椎动物和脊椎动物从头到脚的组织和器官都不同。显然，这种变化不只是发育阶段的时序变化。

朱莉娅·巴洛·普拉特（1857—1935）是一个生物学神童。父亲在她出生后不久就去世了，由母亲独自将她抚养长大。她只用了三年时间就从佛蒙特大学毕业，随后进入哈佛大学，研究鸡、两栖动物和鲨鱼的胚胎。为了忠于自己的才能和野心，她设定了一个大胆的目标。头部可以说是动物身体最复杂的部分；

除了牙齿以外，人类的头骨大约有30块骨骼，而鱼类（包括鲨鱼）的头骨则有更多。重要的神经和血管集中于这个小小的容器之中，这使得头骨具有独特的解剖学复杂性。普拉特追踪了下颌和颧骨等成年特征在最早的胚胎阶段的状态。也许通过研究头骨的发育，她可以发掘出隐藏在不同成体形态背后的相似性。她已经踏入了一个最富争议的科学领域，尽管她自己可能并不知道这一点。

当时的学术氛围对于希望追求高学历的女性并不友好。结束了在哈佛大学一段挣扎的日子之后，普拉特发现欧洲的学术气氛更加宽松，于是申请了德国一所大学的研究生，从此开始了她的“海漂”生活。最后，她从欧洲来到了马萨诸塞州伍兹霍尔的海洋生物学实验室。在这里，她遇到了海洋实验室的主任惠特曼，后来又跟随他到了芝加哥大学，而惠特曼后来成为芝加哥大学动物系主任。

惠特曼的实验室里氛围十分自由，雄心勃勃的年轻科学家都是初到的同事，可以选择自己想做的研究。在这种环境里，普拉特的研究工作起飞了。利用她在伍兹霍尔收集的标本和惠特曼教给她的技术，她研究了蝾螈、鲨鱼和鸡的头骨的形成。她之所以选择这些动物作为研究对象，原因是与技术有关的：这些动物的卵中可以形成较大的胚胎，易于观察和操作。

普拉特与惠特曼一起研发了一种辛苦但准确的方法，能够追踪发育过程中的细胞变化。她的工作开始于潘德和冯·贝尔于19世纪20年代发现的那三个胚胎细胞层。到了普拉特的年代，这三层胚胎细胞的发育结果几乎已经成为生物学的公理：内胚层细胞形成肠道及相关的消化系统结构，中胚层细胞形成骨骼和肌肉，外胚层细胞形成皮肤和神经系统。普拉特注意到，外胚层和中胚层细胞在大小和内部脂肪颗粒的数量上存在差异。她将这种差异作为标记，追踪了每一层中的小团细胞，以确定它们最终在头骨中的位置。这种方法让她能够知道头骨各个不同部分的来源。

当时的教条观点认为，蝾螈头骨上所有的骨头都来自中胚层。但是，普拉特注意到的脂肪颗粒显示了一些不同的信息。一些头骨，甚至牙齿的一部分骨头，都来源于外胚层——原本人们认为它只参与皮肤和神经系统的形成。对有些人来说，这一发现简直是异端邪说。一些有影响力的研究者因此站出来表示反对。一位著名科学家写道："对一些不同系列和发育阶段的胚胎进行研究，并未让我们得到任何能够支持普拉特的结论的细微证据。"这只是一大波批评声音中的一个，对于一个生活在19世纪的年轻女性研究者来说，这几乎可以将她的职业生涯扼杀在摇篮里。

对普拉特来说较为幸运的是，那不勒斯《动物学杂志》的负责人、颇具影响力的安东·多恩赞同她的观点。他一开始对普拉特的研究也抱有怀疑态度，但普拉特细致的分析说服了他，他用同样的方法研究了鲨鱼的胚胎。他写道："我完全同意普拉特的观点……不用说，我也做出了改变，现在我反对所有针对普拉特的发现的批评文章和言论。"

在普拉特的时代，科学机构中留给女性的空间很少，尤其是那些发出声音反抗陈规教条的女性。普拉特难以在科学领域找到工作（没有实验室愿意雇用她），只能迁居加利福尼亚的太平洋格罗夫，在那里建立起自己小小的研究团队。她依然坚持做科学研究，并致信给新成立的斯坦福大学校长戴维·斯塔尔·乔丹。她急于从事科研工作，也知道自己做出了基础性突破，因此在信件的结尾她写道："没有工作，人生不值得。如果我不能从事自己最想要的工作，那我必须拿到第二好的。"

由于得不到科研岗位，又看不到从事科研工作的希望，普拉特离开了科学领域。带着坚定的信念和强烈的独立精神，她开始了新的挑战。很快，她就当选为太平洋格罗夫市第一位女市长。在这里，她努力推动建立保护区，防止蒙特雷湾受到过度开发。今天，蒙特雷的居民和游客依然可以感受到朱莉娅·巴洛·普拉特的影响力。

普拉特逝世于1935年。在她关于这个实验的第一篇论文发表大约43年后，她的观点终于被接受，但她有生之年未能得见。追随着她的脚步，科研人员开发出精细的方法标记发育中的细胞。他们给胚胎细胞注入染料，追踪它们在发育后期的位置。另一种技术是，研究人员从一只鹌鹑身上切下少量细胞，并将它们移植到不同发育阶段的鸡胚中。由于鹌鹑与鸡的细胞可以明显区分，科学家可以观察到这些细胞最终参与形成了哪些器官。这两项技术都确认，普拉特曾经研究过的头部结构，并非来自冯·贝尔所称的中胚层。这些细胞源自发育中的脊髓，而后迁移到鳃弓，参与鳃弓骨骼的形成。

细胞会在不同胚层之间迁移的这个发现，不只是指出了胚胎细胞组织方式的怪异之处，这对于我们理解新结构的形成具有更深层次的影响。这些细胞从发育中的脊髓上脱离出来，迁移到胚胎的全身。一旦到达新的位置，它们就开始形成组织。它们形成色素细胞、神经髓鞘、头部骨骼，以及许多其他结构——包括所有脊椎动物独有的结构。加斯坦格设想的原始祖先动物到脊椎动物的重大转变（包括贯穿全身的新组织），能够追溯到一种新型细胞，也就是冯·贝尔和潘德所称的外胚层的新衍生物。普拉特是正确的，尽管这种验证方式是她从未设想过的。她发现的细胞是令脊椎动物独树一帜的所有组织的前体。

加斯坦格表明脊椎动物起源的第一步来自发育时序的改变，令海鞘幼体的特征维持到成年阶段。普拉特的发现帮助揭示了下一个转变：一种新型细胞的起源。这两种情况中，不同器官和组织中的复杂变化都可以归结为发育过程中较简单的改变。改变时间和新细胞起源，就可以产生一种全新的身体构造。

当然，这些观察也引出了新的问题：发育过程中的变化是如何产生的？什么样的生物学改变能够导致胚胎发育自身的演化？

生物不会从祖先中直接继承头骨、脊椎或细胞层——它们继承的是这些结构的形成过程。仿佛世代相传又代代改良的祖传菜谱，在数百万年的时间里，构建身体的信息在祖先传递给后代的过程中持续地发生着改变。与厨房中的菜谱不同的是，每一代生物用来重新构建身体的信息是用DNA而不是文字书写的。那么为了了解这些生物学“菜谱”，我们需要学习一种全新的语言，并在生命史中找到新的祖先。

第

3

章

染色体中的大师

“我们发现了生命的秘密！”用这个夸张的理由，弗朗西斯·克里克（1916—2004）将詹姆斯·沃森带进了剑桥大学的老鹰酒吧，也将我们带入了DNA的时代。一年之后的1953年，关于这项发现的科学新闻有了完全不同的基调。在8月份的《自然》期刊上，沃森和克里克的文章以英式的轻描淡写开头（在那之后的多年里其他人试图模仿他们）。他们指出，这项发现“新颖且具有重要的生物学意义”。

后来的人们对于其中的信息已视为理所当然。他们两个人对DNA的结构进行了建模，展示了它的双链形式，双链打开时可以制造蛋白质或复制DNA。使用这种技术，DNA分子可以完成两项非凡的任务——储存制造用于构建身体结构的蛋白质的信息，并将该信息传递给下一代。

在罗莎琳德·富兰克林和莫里斯·威尔金斯的研究工作的基础上，沃森和克里克发现DNA链由另一些分子的序列组成。这些分子排列成串珠状，其中的单个分子被称为碱基。碱基有

4种类型，通常命名为A（腺嘌呤）、T（胸腺嘧啶）、G（鸟嘌呤）和C（胞嘧啶）。一条DNA链由数十亿个碱基构成，形成像AATGCCCTC这样由4个字母任意组合的序列。

一个想法是：我们的大部分属性都是由一串化学分子的序列定义的。如果将DNA视为包含信息的分子，那么每个细胞中都仿佛有数百万台超级计算机。人类DNA由大约320亿个碱基组成。DNA链形成染色体，被包装起来，盘绕在每个细胞的细胞核内。我们的DNA紧密盘绕，以至于如果将它们解开、连接和伸展，每条链可达到约6英尺①长。我们数万亿个细胞中的每一个都包含紧密缠绕的6英尺长、最小沙粒的1/10大小的DNA分子。如果将人体内4万亿个细胞中的DNA都解开并首尾相接，那么这条DNA链有可能会延伸到冥王星。

当受精过程中精子和卵子相结合时，受精卵最终会带有来自两个亲本的DNA。因此，遗传信息世代相传。我们的DNA来自我们的父母，而我们父母的DNA来自他们的父母，如此这般，可以追溯到更久远的过去。随着时间流逝，DNA在所有生物之间形成了无法切断的联系。我们可以利用达尔文的一个重要观点，将这种简单的家庭血统概念转化为更广阔的生物演化历史。该观点的分子含义是，如果我们与其他物种有共同的祖先，那么我们体内应该也保留着它们的DNA。正如我们的DNA世代相传一样，在40亿年的生命史中，DNA也应该从祖先物种传给了后

---

① 1英尺≈0.305米。——编者注

代物种。如果真是这样，DNA就是保留在地球上每个生物每个细胞中的“图书馆”。生命数十亿年的变化都记录在这些碱基序列中。问题是我们应该如何阅读它。

埃米尔·扎克坎德（1922—2013）出生于维也纳，其家族中不乏具有影响力的著名解剖学家、哲学家、艺术家和外科医生，因此他一出生就沐浴在思想、科学和艺术的熏陶中。纳粹在德国掌权后，他的家人前往巴黎和阿尔及尔寻求庇护。家人朋友将扎克坎德介绍给阿尔伯特·爱因斯坦，爱因斯坦利用他的影响力为年轻的扎克坎德争取到了去美国学习的资格。扎克坎德因此进入了伊利诺伊大学，并在那里研究蛋白质生物学。出于对海洋的兴趣，他在夏季前往美国和法国的海洋站，在那里看着螃蟹从微小的胚胎生长并蜕变为成体。他完全被迷住了。

扎克坎德进入生物化学领域的时机刚刚好。在20世纪50年代后期，美国国立卫生研究院的科学家（包括弗朗西斯·克里克）正开始解读DNA中碱基序列的含义。每个DNA序列均带有指示形成另一个分子序列的信息。根据具体情况而定，DNA序列可以作为合成蛋白质或自我复制的模板。合成蛋白质时，DNA中的碱基序列将会翻译成另一种分子的序列：氨基酸序列。随后，不同的氨基酸序列会形成不同的蛋白质。生物体内共有20种不同的氨基酸，它们在序列中的位置不受种类的限制。这种代码可以产生大量不同的蛋白质。现在，我们来做一些简单的数学运算：如果20种不同的氨基酸任意组合，而一条蛋白质链大约有100个氨基酸分子，那么能够形成的蛋白质种类大概有10

的130次方。由100个氨基酸分子构成的蛋白质其实是相对较小的，因此蛋白质的实际种类远大于此。人体中最大的蛋白质是肌联蛋白，由34 350个氨基酸分子构成。

关键要记住，DNA由一串碱基构成，就像一串字母，其中含有对应氨基酸分子链的编码，而这串氨基酸随后会形成蛋白质。由于不同的氨基酸序列构成不同的蛋白质，因此DNA序列能够编码不同的蛋白质，在每一代中重新塑造生命。

到20世纪50年代后期，研究人员已经能够破译出不同蛋白质的氨基酸序列，用来帮助了解它们在生物体内的运作方式。这些发现开启了一个时代，从此科学家可以通过研究蛋白质结构来了解疾病。例如，在镰状细胞贫血患者体内，异常的红细胞只能存活10~12天，而健康的红细胞则可以存活120天以上的时间。此外，异常的红细胞具有独特的形态。与正常的圆盘状红细胞相比，这种异常形态使得红细胞更容易在脾脏中被破坏。因此，在极端严重的情况下，70%的病人只能存活到3岁。那么，健康的血红蛋白和镰状细胞的血红蛋白有何差别呢？其实只有一个氨基酸的差别：肽链中第六位的谷氨酸被缬氨酸取代。氨基酸链中一个微小的差异对蛋白质、蛋白质所处的细胞，以及拥有这些细胞的个体，都会造成巨大的影响。

扎克坎德受到这种新生物技术的激励，将目标转向了海洋实验室中的物种。他推测，在螃蟹从胚胎经过蜕壳、变态发育到成体的过程中，应当有一些蛋白质发挥作用。他开始着手研究蛋白质的结构，以及蛋白质对螃蟹的呼吸、生长和蜕壳的控制作用。

然后，他的人生被命运的安排改变了。后来的诺贝尔化学奖获得者莱纳斯·鲍林（1901—1994）当时正在法国访问，并前往海洋实验室去见一些朋友。扎克坎德抱着对蛋白质和螃蟹的热爱找到了鲍林，这一情形不像是一名科学家在寻找新的研究项目，更像是一个粉丝追寻摇滚明星。这次见面改变了扎克坎德，最终也改变了科学。

在20世纪50年代中期，鲍林已经发现了晶体的结构、原子和分子键的基本特性，甚至还提出了全身麻醉的分子理论。不过，他在与沃森和克里克就发现DNA分子结构的竞争中惜败。后来，他将大量的精力放在推广维生素C可以预防感冒和其他感染的观点上。

鲍林生长于俄勒冈州，并就读于俄勒冈州农学院（现俄勒冈州立大学）。无所畏惧的科学精神使他成为我心目中的英雄。我曾在纽约一个基金会的遴选委员会任职，该基金会为处于职业关键时期的艺术家和科学家提供资金。基金会从20世纪20年代就开始运作，并保留了所有收到的申请，在其位于公园大道的办公室里汇集了诺贝尔奖获得者、小说家、舞蹈家和各行各业学者的信件、文件和资料。那里的一位同事知道我的兴趣。有一天早上上班时，我看到桌上有一份皱巴巴的旧文件，正是鲍林曾于20世纪20年代向基金会提出的申请。当时的申请需要大学成绩单和医生证明（一些今天早已不再需要的材料）。我对他在大学时期的成绩单特别感兴趣，他以偏科著称。不出所料，他的几何学、化学和数学成绩都是A，而他在“营地烹饪”课程中的表现拿到了一个平平无奇的C。这几年来，他的体育成绩一直是F。二年级时，鲍林在必修的“炸药”课程上拿到了全班最好的成绩。他最终获得了两项诺贝尔奖：1954年因其解析蛋白质的成就而获得化学奖之后，由于在反对核试验方面的工作，他于1962年获得了诺贝尔和平奖。鲍林在大学时期的化学和炸药学课程优异成绩为他未来的研究生涯打下良好的基础。

通过短暂的交谈，鲍林在扎克坎德的身上发现了亮点，于是邀请他前往加州理工学院。但是，鲍林的邀请有附带条件。鲍林当时还没有自己的实验室，因为他大部分时间都在从事反核活动。鲍林让扎克坎德到另一位能够开展生物化学实验的同事那里工作。当扎克坎德提出研究螃蟹蛋白质的想法时，鲍林拒绝了这个提议。10多年来，鲍林一直对核辐射如何影响细胞感兴趣。这项研究工作的目标之一是血红蛋白，它将血液中的氧气从肺部转移到人体细胞。鲍林建议年轻的扎克坎德放弃研究螃蟹，将时间花在思考血红蛋白方面。虽然这一变动打乱了扎克坎德的计划，但无疑是有先见之明的。

扎克坎德使用当时相当有限的技术，研究了不同物种的血红蛋白。他无法对不同物种蛋白质的氨基酸组成进行测序，因此他将蛋白质提取出来，使用相对简单的方法估算它们的总体大小和带电量。在保守假设下，具有相似氨基酸序列的蛋白质应具有相似的重量和电荷。他使用这些容易获得的测量值作为其总体相似性的指标。

扎克坎德发现，人类和猿类的血红蛋白在大小和电荷上都比青蛙和鱼类的更相似。对他来说，这种简单的测量方法使他窥探到一些重要的信息。他推测人类和猿类的蛋白之间的这种相似性可能是演化的结果：人类和灵长类动物的血蛋白之所以如此相似，是因为它们的亲缘关系密切。当他向实验室负责人展示初步结果时，他却遭到了冷遇。这位教授热衷于神创论，没人会在他的实验室中谈及进化论。他欢迎扎克坎德在这里工作，但不会与任何暗示人与猿相关的文章扯上关系。扎克坎德刚刚看到成功的曙光，大门似乎就对他关闭了。

然后，运气来了。鲍林受邀为另一届诺贝尔奖获得者、他的密友阿尔伯特·圣捷尔吉向一部纪念文集投稿。这是为纪念一位颇有建树的同事退休而出版的书籍或期刊特刊，通常包含由朋友和长期同事贡献的文章，以庆祝科学事业的成就。关键是这些卷册中几乎没有任何重要内容出现，因为这些论文通常是回忆性叙述，点缀着零星的新研究数据。而且这些卷册并不常经过同行评审，因此，文章中可以长篇累牍地赞美纪念对象，或者塞入作者无法在其他任何地方发布的数据。鲍林知道这些事实，并想向他的朋友致敬（他本人是一位非常大胆的科学家），所以有了一个主意。他向扎克坎德提出了写点儿“反常文章”的想法。

这种另类的想法催生了20世纪最为经典的科学论文之一。

在生物化学领域大胆前进的时机已经成熟。到了20世纪50年代后期，扎克坎德的研究工作在鲍林的安排下渐入轨道时，各种蛋白质的氨基酸序列都已经被揭示了，鲍林的实验室也可以访问这些数据。尽管与当今的DNA测序还相去甚远，但是对不同蛋白质的氨基酸测序已经可行，不过，过程棘手且缓慢。鲍林正在对大猩猩、黑猩猩和人类等动物的蛋白质进行测序。有了这些新信息，扎克坎德和鲍林已经准备好了解决一个基本问题：各种动物的蛋白质能否揭示它们之间的亲缘关系？扎克坎德通过对大小和电荷进行粗略分析得出的初步结果，暗示着蛋白质可能会告诉我们很多关于生命演化史的信息。

在DNA和蛋白质序列为人类所知的一个世纪之前，达尔文的观点就对它们做出了具体的推论。达尔文推测，如果生物共享一棵谱系树，那么人类、其他灵长类、其他哺乳动物和青蛙的蛋白质氨基酸序列应该反映出它们的演化史。扎克坎德的初步实验表明，情况可能确实如此。

事实证明，血红蛋白是这项研究的理想对象。所有动物的新陈代谢都需要氧气，而血红蛋白负责将氧气从肺或鳃等呼吸器官运输到其他器官。扎克坎德和鲍林比较了不同物种中血红蛋白分子的氨基酸序列，并可以据此估算这些血红蛋白的相似程度。

当扎克坎德和鲍林分析加入的新物种时，每一个新物种都使达尔文的预测变得更加清晰。与牛的血红蛋白氨基酸序列相比，人类和黑猩猩的氨基酸序列更加相似。而所有这些哺乳动物的血红蛋白的相似性都大于它们与青蛙血红蛋白的相似性。扎克坎德和鲍林确定，他们能够利用蛋白质分子来揭示物种之间的关系和更广阔的生命演化史。

这对合作伙伴进一步将这个设想落实到大胆的实验中。他们推测，蛋白质在较长的时间尺度内演化速率可能是恒定的。如果确实如此，就可以假设两个物种的蛋白质差异越大，这两个物种从一个共同祖先演化分异的时间也就越长。根据这种逻辑，人类和黑猩猩蛋白质的相似性大于它们与青蛙蛋白质的相似性的原因是，人类和黑猩猩拥有更近的共同祖先，而与青蛙的共同祖先则更为久远。这与我们从古生物学中获得的信息是一致的——人类和灵长类共同祖先的亲缘关系比它们与青蛙的两栖动物共同祖先要近得多。

如果像鲍林和扎克坎德所预测的那样，蛋白质以恒定的速率演化，那么可以利用物种蛋白质之间的差异，来推测它们从共同祖先分异而来的时间。如果不同物种体内的蛋白质能够作为一种演化时钟，就不需要依赖岩石或化石来提供生命史的时间信息了。现在，这种方法被称为“分子钟”，已经在多种情况下用于估算物种之间的分异年龄，但在首次提出的时候，却被视为离经叛道。

扎克坎德和鲍林发明了一整套全新的方法来推测生命演化史。在之前的100多年中，推测生命史都是通过比较古老的化石进行的。但现在，通过了解不同动物的蛋白质结构，扎克坎德和鲍林也可以知晓它们的演化关系。这是幸运的，因为生物体中含有数万种蛋白质可以用来比较。不同生物的蛋白质可以提供与化石一样丰富的信息，只不过信息不是藏在岩石中，而是蕴含在动物体内的各个器官、组织和细胞中。只要知道方法，就可以揭示任何展品丰富的动物园或水族馆的生命史。现在，所有生物的生命史都可以为人所知了，甚至包括那些尚未发现化石记录的种类。

DNA 中携带着合成蛋白质进而构成身体的信息，从一代传到下一代。单一个体和它的躯壳在这个世界上来了又走，但这些分子形成了跨越时间的完整连接。我们对这种连接越深入挖掘，越能明白所有生物之间的联系。

在20世纪60年代早期，当扎克坎德和鲍林在纪念文集上发表文章时，他们开启了一个全新的研究领域——利用分子探索生命的历史。但根据当时科学界的反应，你恐怕难以预测这篇文章在未来的影响。“分类学家讨厌它。生物化学家觉得它毫无用处。”在它发表50周年纪念日，扎克坎德如此回忆道。分类学家、古生物学家，以及任何专心于分类学的人都看不起这种方法。很快，这些研究领域将会迎来一个建构生命史的“同伴”。扎克坎德和鲍林指出，实际上，生物体内每一个分子都可以用来讲述过去的事情。古生物学家认为这篇文章对他们构成了威胁，生物化学家则对这篇文章不屑一顾。对生物化学家来说，生物演化研究是一潭温柔的死水。在他们看来，严肃的科学应该是研究蛋白质的结构、功能和疾病，而不是研究人与青蛙的亲缘关系。

分子革命

化学反应和科学构想具有根本的相似之处：两者通常都需要催化剂。有一个人利用扎克坎德和鲍林的观点，催生了一批从全新视角探索生命史的科学家。

20世纪60年代初期，新西兰的数学天才艾伦·威尔逊

（1934—1991）转投生物学，并加入了加州大学伯克利分校的生物化学系。这是一个大学全面动荡的时期，尤其是在伯克利分校，而威尔逊成为最为活跃的教授之一。他的生活被全面打乱却乐在其中，以至于学生们将政治抗议活动描述为另一种实验室组会。

一种简单的理念驱动着威尔逊的职业生涯，直到他于56岁过早离世。他相信，如果你不能将一个复杂的现象简化为它的构成要素，你就没有真正理解它。数学思维带领他寻找生物模式背后的简单规律，并运用严格的方法对其进行检验。威尔逊热衷于提出大胆的假设，解释生命史中的复杂问题。然后，他会用尽可能多的研究来对假设进行证伪。如果他的想法能够经受得住他的实验考验，那么是时候对外界宣布这一观点了。20世纪七八十年代在那些最优秀的伯克利学子眼中，威尔逊实验室是最为喧闹的“地震中心”。他的实验室成为知识分子的温室，充满了自由与激情，吸引着全世界的年轻天才学生前来，其中不乏许多后来的杰出人士。

1987年，我以刚毕业的古生物学博士身份来到了伯克利。当时，威尔逊和他的团队正处于研究的高峰，而我的研究工作中心则在岩石和化石上，并非蛋白质和DNA。威尔逊的报告吸引了整个大学的众多人群，解剖学家和分子生物学家之间的战线已经建立，并深深扎根。在一次研讨会上，我和许多古生物学家坐在一起。随着威尔逊在报告中展示一张又一张幻灯片，他们感到越发不适。当威尔逊提出一个带有三个变量的简单方程式，并声称他发现了不同物种的演化速率时，质疑的声音已经无法克制。看到这张幻灯片，一位同事用手肘碰碰我，讽刺地问："大多数古生物都适用这个方程式吗？"

对于威尔逊而言，演化生物学领域已经准备好面对这种质疑了。扎克坎德和鲍林将蛋白质作为历史路标的想法完全符合他的研究风格——这种方法很简单，可以用新数据进行检验。动物体内有许多蛋白质，蛋白质的规律逐渐为人所知。如果数据中确实隐藏着很强的历史信号，那么威尔逊不仅会找到它，还会从中提取出所有可能的推论。

威尔逊把目光投向了高处。他的问题是：人类与其他灵长类动物有多紧密的联系？如果有任何问题可能会激起浪花，那就是这个问题了。另外，由于系统发生树这部分的化石证据相对较少，因此分子方法将特别有意义。

威尔逊具有几乎不可思议的能力，可以吸引学生加入他的研究，培养他们的才能，并帮助他们做出属于自己的重大发现。玛丽·克莱尔·金就是这样一个学生。她在（美国）中西部完成大学学业后，前往西部继续学习统计学。但是20世纪60年代中期进入加州大学之后，她失去了学习数学的动力，开始寻求新的研究方向。加州大学伯克利分校的一位资深科学家开设了遗传学课程，这激发了她对遗传学的热情。她在遗传学世界的边缘试探，在实验室里工作了一年，结果发现自己根本没有从事实验室工作的特长。她觉得自己从事科研的职业前景不太乐观，因此请了一年假与拉尔夫·纳德合作开展消费者行动主义活动。纳德邀请她到哥伦比亚特区一起工作，这一举动可能促使她中断研究生的学业。她在去伯克利参加抗议活动的同时，也考虑了这个建议。抗议活动影响了她，让她认识了新的人，包括一些著名人士，其中一个名人就是艾伦·威尔逊。

一次抗议活动之后，威尔逊说服了金重返研究生院，即使只是为了获得博士学位，也可以为她的政策咨询工作提供一个好的学历背景。很快，她就被威尔逊在科学研究中以数据为中心的行动主义所吸引。但威尔逊的实验室也对她提出了新的挑战：她不再处于熟悉的方程和数字构成的领域，现在必须学会处理血液、蛋白质和细胞。

更重要的是，威尔逊要她做一些复杂的实验室工作。由于扎克坎德和鲍林发表了他们关于蛋白质的初步工作，许多实验室也开始探究哪些现生猿类与我们的亲缘关系最近，以及我们与它们分离了多久。威尔逊和他的团队认为，获得尽可能多的新数据，自然会得到答案。金采取经典的威尔逊主义研究方式，她决定不仅要分析血红蛋白，还要关注她可以接触到的每种蛋白质。不同蛋白质中的一致信息将提供更为稳定的演化信号。金和威尔森从各个动物园获得了黑猩猩的血液，又从医院获得了人类的血液。如果金原本不具备实验室的工作技巧，那么现在她必须得学会：黑猩猩的血凝固非常快，因此她必须迅速完成检测工作，或者开发新的方法。最后，二者她都做到了。

金决定使用一种快速的方法检测蛋白质之间的差异。这种方法是扎克坎德10年前所用方法的简化版本。如果两种蛋白质的氨基酸序列不同，它们的重量也就不同。此外，不同的氨基酸构成意味着它们将携带不同的电荷。从技术角度来看，如果将这些蛋白质放在凝胶悬浮液中，并让电流通过凝胶，蛋白质就会被电荷吸引，移动到容器的一端。类似的蛋白质将以相同的速度移动，不同蛋白质的移动速度则不同。将凝胶设想为跑道，蛋白质为赛车，电荷就是驱动赛车运动的动力。相似的蛋白质将在相似的时间内经过相似的距离。蛋白质之间的差异越大，它们在凝胶上的移动距离就相差越远。

尽管对自己的技能还不太自信，但金还是开始了实验工作。而更糟糕的是，威尔逊去了非洲休假，时间长达一年，金只能依靠自己。她试着每周打电话给威尔逊，请他帮忙查看数据，但更多的时间还是处于无人指导的状态。

刚开始，实验并未向着理想的方向发展。金设法提取了黑猩猩和人类的蛋白质，并将它们放入凝胶。在她的电泳实验中，每种黑猩猩和人类的蛋白质都移动了几乎相同的距离。她没有看到人类和黑猩猩的蛋白质之间有任何有意义的区别。她是否正确地提取了蛋白质？她的凝胶电泳实验是否合格？她对做出突破性发现的希望似乎落空了。

在日常组会上，金与威尔逊分享了实验数据，而威尔逊像当时在伯克利一样，用技术问题考验金的实验结果。无论威尔逊提出多么尖锐的问题，实验结果都依然坚挺。人类和黑猩猩的蛋白质序列几乎是完全相同的。不止一种蛋白显示出这个结果，40多种蛋白都是这样。事实上，金并不是毫无目的地乱撞，而是揭示了一些关于基因、蛋白和人类演化的根本性问题。

后来，金又将人类和黑猩猩与其他哺乳动物进行了比较，她的发现的重要性越发清晰了。人类和黑猩猩的遗传差异甚至比两种不同的老鼠之间的遗传差异还要小。两种形态极其相似的果蝇之间的遗传差异也比人类和黑猩猩要大。在蛋白质和基因水平这方面，人类与黑猩猩几乎是完全相同的。

金的凝胶电泳实验揭开了一个深刻的悖论。人类与黑猩猩之间的解剖学差异，包括人类独特的本质——更大的大脑、两足行走、面部、头骨和肢体的比例，并不是来自蛋白质或指导它们合成的基因。如果蛋白质和指导它们合成的基因都是基本相同的，那么是什么导致人类与黑猩猩的差异呢？金和威尔逊有种直觉，但当时还没有能够进行检验的技术。

近期的科学实验确定了金和威尔逊首次发现的东西。通过比较整个基因组，人们发现黑猩猩和人类的相似性高达95%~98%。

下一步的科学进展不是一个学生和她的导师能独立实现的，而是需要更伟大的科学——由总统和首相宣布的那种伟大科学。

无基因的基因组序列

当美国总统比尔·克林顿和英国首相托尼·布莱尔与开展人类基因组测序的两支竞争队伍（由弗朗西斯·柯林斯领导的公共团队和由克莱格·文特尔领导的私人团队）召开新闻发布会时，

他们尚只能公布非常粗略的基因组草图。尽管声势浩大，但在2000年发布时，还有很大一部分人类基因组的内容缺失，而且人们对于那些对人类健康和发育非常重要的部分知之甚少。

人类基因组计划的最初结果，更多的是关于技术创新而不是基因序列本身。人类基因组的测序竞赛催生了一波技术爆发，一直延续至今。戈登·摩尔曾在1965年做出著名预测，称微处理器的速度每两年将翻一番。我们每次购买新的电子设备时，都能够感受到这种加速的发展：每年新上市的电脑和手机的性能都在提升，而价格则更便宜。基因技术的发展甚至超越了这种发展速度。人类基因组计划历时10多年，花费超过38亿美元，使用了大量的机器。而如今，手机上有专门测序的应用软件，手持基因测序仪也已经上市。

一旦绘制出了人类基因图谱，其他动物的基因组也接踵而来。现在，基因组发布的速度如此之快，以至于仅仅受限于所刊登杂志的出版频率。我们有鼠类基因组计划、百合花基因组计划、蛙类基因组计划，几乎覆盖了从病毒到灵长类的所有生物。一开始，发布一套基因组序列是一件大事，发布结果可以刊登在A类（顶级）杂志上，并值得新闻大肆宣传一番。现在，除非是重要的生物学进展或紧急的健康事件，新基因组序列的发布几乎无法引起任何波澜。

尽管发表新基因组文章的光彩不再，但它们依然是令扎克坎德、鲍林和威尔逊欣喜着迷的财富。如今，了解了果蝇、老鼠和人类的基因组之后，我们可以提出关于生命的核心问题：物种之间是如何相互关联，又是如何相互区别的呢?

我们每个人都由数万亿个细胞构成——肌肉、神经、骨骼等，它们通力合作，通过恰到好处的方式连接在一起。作为一种线虫动物，秀丽隐杆线虫的身体只有956个细胞。如果这个事实不够惊人，那么请考虑一下：尽管人类与线虫在细胞数量、身体构造与器官复杂程度方面差异巨大，但二者的基因数量几乎是相等的，都有大约2万个基因。而对线虫的研究只是开始，果蝇也与我们有同样的基因数量。实际上，与水稻、大豆、玉米和木薯等植物相比，动物真是小巫见大巫。这些植物的基因数量几乎是动物的两倍。显然，动物界中产生复杂的新器官、组织和行为的因素，并不是更多的基因数量。

更奇怪的是基因组自身的组织构成。回顾一下我们的“咒语”：基因是一串碱基，能够翻译成一串氨基酸，这串氨基酸进而又形成蛋白质。其实，基因包含着蛋白质的分子模板。当发表一个基因序列时，作者会被要求公布数据并将信息存储在国家级计算机数据库中。经过基因领域数十年的耕耘，这些数据库中已经存储了数千个物种的数千条基因序列。现在，你坐在自己的电脑前，输入一条序列，就可以知道它符合哪个物种的哪条基因。如果你将一整个基因组与这些数据库中的基因相比较，就可以知道其中包含哪些基因。在过去的20年里发表的一系列基因组中，有一个发现令人无法忽视：基因在基因组中其实只占很小的比例。如果基因是基因组中编码蛋白质的部分，那么基因组的大部分似乎都不参与编码。编码蛋白质的基因序列仅占人类基因组的不到2%，剩下约98%则完全不含编码基因。

基因不过是DNA海洋中的孤岛。除了极少数例外，这种模式适用于从蠕虫到小鼠的绝大部分物种。如果基因组的大部分都不是编码蛋白质的基因，那么这些DNA序列是做什么的呢？

细菌伸出援手

第二次世界大战期间在法国抵抗运动中服役后，两位法国生物学家弗朗索瓦·雅各布（1920—2013）和雅克·莫诺（1910—1976）开始从事细菌研究，希望了解细菌如何利用糖类。恐怕没有什么问题比这看起来更深奥，却与人类状况无关了。

雅各布和莫诺证明，大肠杆菌这种常见细胞可以利用环境中的两种糖类，即葡萄糖和乳糖。细菌的基因组相对简单，它们DNA长链上的基因可以合成分解糖类的蛋白质。当环境中葡萄糖丰富而乳糖稀少时，基因组就合成分解葡萄糖的蛋白质；反之，基因组就合成分解乳糖的蛋白质。尽管这种情况看似简单明了，却是一场生物学革命的基础。

科学家在细菌的基因组中发现了两个组成部分。第一个部分是基因，包含有关消化两种不同糖的蛋白质的结构信息，基因的碱基对能够翻译成氨基酸链进而形成蛋白质。这些基因两侧是一些短小的碱基对片段，它们并不编码蛋白质。当另一种分子附着在这些片段上时，可以开启或关闭基因。这就是基因组的第二个组成部分。你可以将这些较短的DNA片段视为控制基因何时起效并产生蛋白质的分子开关。在细菌中，基因和控制其活性的开关在基因组中彼此相邻。取决于环境中糖分的种类，分子反应控制着哪个基因被激活，进而合成相应的蛋白质。

雅各布和莫诺发现细菌基因组的工作机制相当于一种生物制造过程，能够在适当的位置和时间合成蛋白质。细菌基因组有两个部分：编码蛋白质的基因和告诉基因何时何地启动的开关。由于这项成就，两人获得了1965年的诺贝尔生理学或医学奖。

自雅各布和莫诺获得诺贝尔奖以来的几十年中，蛋白质制造过程的双重组织性，也就是编码基因及其调控开关序列被证明是所有基因组的普遍特征。动物、植物和真菌都具有编码蛋白质的基因和控制基因活性的分子开关。

他们的发现为了解各种不同的细胞、组织和器官的形成因素提供了线索。本质上，人体是一个高度组织化的整体，包含4万亿个细胞；这些细胞分为200种不同类型，形成组织，组织进一步构成从骨骼和大脑到肝脏和骨骼等不同的身体部位。软骨组织由合成胶原蛋白、蛋白聚糖等成分的细胞组成，这些成分与体内的水和矿物质结合在一起，赋予软骨柔韧又具有支撑作用的特性。神经细胞、软骨、肌肉和骨骼中的蛋白质组合各不相同。

麻烦之处在于：每个细胞都包含相同的DNA序列，这些DNA来自最初的受精卵。实际上，神经细胞内的DNA与软骨、肌肉或骨骼中的DNA是完全相同的。如果每个细胞内部都有相同的基因，那么不同细胞之间的差异来自哪些基因具有活性，能够产生蛋白质。雅各布和莫诺发现的这种基因开关对于理解基因组如何构建不同的细胞、组织和身体至关重要。

如果将基因组视为一种配方，那么基因负责编码成分，开关序列说明何时何地添加成分。如果基因组的2%由编码蛋白质的基因组成，那么另外98%中的一部分包含基因何时何地启动的信息。

基因组如何构建身体？在生命史中基因组如何导致物种变化？在人类基因组计划的时代，这些尚不得而知，但基因组中只有很少一部分是编码蛋白质的基因这一事实，只是令人惊讶的冰山一角。

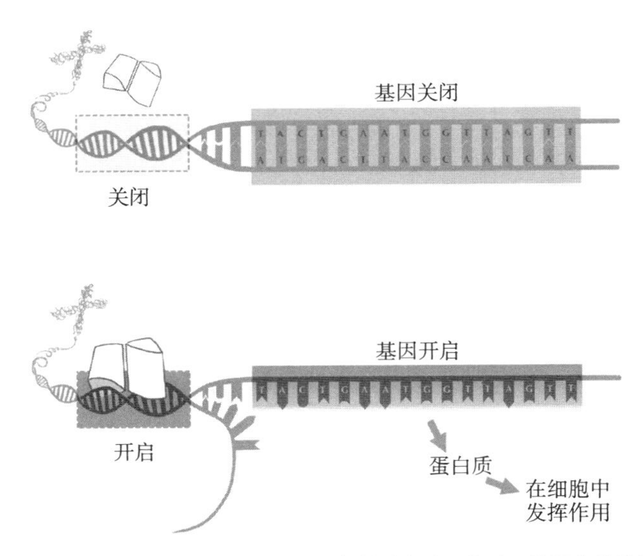

图 3–1　当基因开关开启（通常由蛋白质与其结合实现）时，基因就被激活并开始合成蛋白质

指路的手指

水手曾经相信六趾猫会给船带来好运。人们认为这些所谓的多趾猫更善于捕鼠，因为它们宽大的爪子可以在海上保持平衡。

斯坦利·德克斯特有一窝这种小猫，并将其中一只送给了他的朋友，也就是当时正居住在基韦斯特城的海明威。这只小猫名叫白雪，它繁衍出了一整个六趾猫家族，在海明威的故居一直延续至今。除了作为旅游热点之外，这些小猫还对研究基因组运作方式起到了重要的作用。

有时候人也会长出额外的手指或脚趾。大约1 000个人中会有一人在手上或脚上有一根多余的指（趾）头。2010年曾报道过一个极端的例子，一个印度男孩生有34个指（趾）头。多余

图 3-2　海明威猫，或称多趾猫，拥有更宽大的爪子和 6 个或更多的指（趾）

的指（趾）可能长在拇指（趾）侧或尾指（趾）侧，或指（趾）头自身形成分叉。拇指（趾）侧的多余指（趾）头，称为“轴前多指型”，具有独特的生物学重要性。

20世纪60年代，研究鸡胚的科学家在探索胚胎发育过程中翅膀和腿是如何形成的。四肢从胚胎的躯干上出现时，首先是很小的肢芽，就像细小的管子。几天之后（时间在不同物种之间存在差异）肢芽长大，开始形成骨骼，末端逐渐长成桨状。指（趾）部、腕部和踝部的骨骼在这个扩展的末端内部形成。

科学家发现，通过剔除或移动桨状末端部位的内部细胞，可以改变指（趾）的数量。如果切除肢芽末端的一小块狭长的组织，那么肢芽的发育将会停止。如果在发育的早期切除这块组织，胚胎会发育出指（趾）数量较少或完全缺失的四肢；如果在较晚的发育阶段切除这块组织，胚胎只会缺失某个指（趾）头。实施实验的发育阶段非常关键：早期切除组织对胚胎的影响要远大于发育晚期切除组织。

出于时间的原因，威斯康星大学的约翰·桑德斯和玛丽·加斯林从正在发育的肢芽桨状末端的基部切除了一小部分组织。这一块组织平平无奇，位于桨状末端将来会发育出尾指的一侧。研究人员将这一小块不到一毫米的组织切下来，移植到肢芽的对侧（桨状末端将来会长出拇指的一侧）。随后，研究人员将胚胎密封回蛋壳里，让它完成后续发育。

实验所形成的胚胎给大家带来了巨大的惊喜。这个胚胎看起来像正常的小鸡一样，有喙、羽毛和翅膀，但是与正常的长有

3根手指的翅膀不同，它的翅膀上长有6根手指。那一小块组织中含有形成手指的重要信息。

很快，其他实验室也参与进来。20世纪70年代，一个来自英国的研究团队用锡纸将鸡胚的这个小块组织和肢芽的其他部分分隔开，形成的翅膀指头数量逐渐减少。锡纸在小块组织和其他细胞之间形成了屏障。这意味着这块组织中的细胞会分泌一些化学物质，扩散到肢芽中，并刺激手指的形成。当锡纸阻挡了这种物质的扩散时，发育形成的指头就会减少。当锡纸被放置在肢芽的另一个位置时，形成的指头会变多。但是，细胞所释放的这种化学物质是什么呢？

在20世纪90年代初期，有三个实验室各自独立利用新技术分离出了这种蛋白以及合成它的基因。基因在肢芽发育过程中合成这种蛋白，然后它扩散到桨状末端的各个部位。研究人员发现，在这个过程中，这种蛋白质可以控制细胞团形成哪根手指。高浓度的蛋白控制形成尾指，或称第四指；而低浓度的蛋白控制形成拇指，或称第一指；中等浓度的蛋白会控制细胞形成中间的各根指头。其中一个研究团队将该基因命名为“音猬因子”，致敬在其他物种中起作用的被称为“刺猬”的基因和当时一款流行视频游戏。

但是，什么因素导致基因控制产生更多或更少的指头呢？控制音猬因子基因的开关影响了手指的进化吗？回答这个问题将是理解基因如何构建身体以及其如何演化的关键。

正如生命和科学中最重要的时刻一样，这个故事始于意外。

在20世纪90年代晚期，伦敦一个遗传学家团队利用在老鼠的基因组内插入DNA片段的方法，研究大脑的形成。这些DNA片段是研究人员制造的一种小型分子机器的一部分，作为活性的标记附着在DNA上。这种实验常常会出现一些错误。片段可能会插入基因组的任何位置。如果片段插入基因组中具有生物学重要性的位置，就会形成变异。这就是实验时发生的事情：一些实验小鼠发育出了正常的大脑，但脚趾形态异常。实际上，其中一只小鼠长出了多余的趾头和宽阔的爪子，与海明威的六趾猫无异。这个团队培养出了具有该变异的整个小鼠品系，并且按照科学惯例，将它们命名为大脚怪，原型是一种魔幻世界中的大脚怪物。

由于该变异对于研究大脑的用途不大，该研究团队希望有研究附肢发育的生物学家对它感兴趣。他们在一个科学会议上以海报形式展示了这一结果。会议海报通常展示的是不太重要的（B类）研究成果，因为最好的成果通常会以口头报告的形式介绍给大家。但海报也有独特的社交作用，人们可以聚集在海报前一起讨论科学问题。我的经验是，海报通常能带来比口头报告更多的合作。

该海报展示了一种由音猬因子基因的变异导致的多指型：多余的指头出现在尾指一侧。这些变异的产生，是因为音猬因子基因在肢芽的错误位置启动了。显然，下一步是分析该变异的基因活动情况，即团队在海报中所展示的后续实验研究。在意外地制造了这种变异之后，他们在显微镜下检查了正在发育的小肢芽。正如大家所预测的那样，在这种变异中，音猬因子基因的表达被异常地扩大了。研究人员根据这些观察结果提出了假说，即大脚怪突变是由DNA片段插入音猬因子基因或非常接近该基因的位置产生的。

这个研究团队的海报并没有吸引到研究附肢的生物学家，但爱丁堡的杰出遗传学家罗伯特·希尔无意中走过去，看到了大脚怪突变体的照片。从此，一个新的研究计划开始了。

希尔的实验室因研究调控眼睛发育的基因组而闻名。通过这项工作，他的团队开发了一种工具包，用于在基因组中探测特定DNA片段。因为他们知道要找的DNA片段序列，所以必须遍历整个基因组以寻找其最终所在的位置。年轻科学家劳拉·莱蒂斯是希尔团队中的一员，她的职业生涯刚刚开始，所以相对保守，但是她有足够的耐心和技能来实现这一目标。

该团队使用一种简单的技术来识别突变在DNA链上的位置。他们将染料附着在一个小分子上，该小分子与突变的DNA片段互补。根据设想，该序列将附着在突变序列上，然后，染料会在该位置发光。由于这一突变影响音猬因子基因的表达，因此突变很可能发生在以下两个位置：基因自身内部，或与之紧邻的调控区域——就像雅各布和莫诺在细菌中发现的那种调控区域。

试验反应并未影响到音猬因子基因，该区域没有被染料点亮。影响四肢中音猬因子并导致多趾畸形的不是该基因的突变，因而也不是其蛋白质的变化。就像雅各布和莫诺一样，希尔团队认为是相邻的调控区域受到了影响。但是，当他们对基因附近区域进行查看时，他们发现该区域也是完全正常的。如果基因和邻近的开关均未受到影响，那么到底是什么导致了突变？

正如任何试图在大风天回收模型火箭的人都知道的那样，如果应该在很远的地方寻找模型，那么在附近寻找简直就是浪费时间。希尔、莱蒂斯和团队的其他成员开始搜索整个基因组，直到找到信号为止。插入的基因片段距离音猬因子基因近100万个碱基。在突变位点和音猬因子基因位点之间存在着巨大的遗传空间。起初，他们认为一定是自己搞错了，所以重复了试验过程并重新分析了结果。但他们极尽所能，也没有发现结果存在错误之处。距离音猬因子基因100万个碱基之遥的一小片区域，以某种方式控制了该基因的活性，就像波士顿郊区一个车库墙上的开关控制着费城一间客厅里的电灯一样。

也许这一遥远位点的改变是导致动物长出额外指（趾）头的原因？团队跟踪了所有能找到的拥有第六指（趾）的人和猫——荷兰的多指病人、日本的男孩，甚至是海明威猫，并检查了其DNA。在每个个体中，他们都在距离音猬因子基因100万个碱基的位置找到了轻微的突变。不知道出于什么原因，远离该基因的一个轻微突变改变了它的表达，导致该基因在四肢中开启，产生了多余的手指和脚趾。

当对这一区域的碱基对进行测序时，他们发现这一DNA片段十分独特。它的长度约为1 500个碱基对，其碱基序列在不同的动物中都是相同的。该序列在人类与小鼠中的位置是一样的，都位于距离基因100万个碱基的位置，在青蛙、蜥蜴和鸟类中也

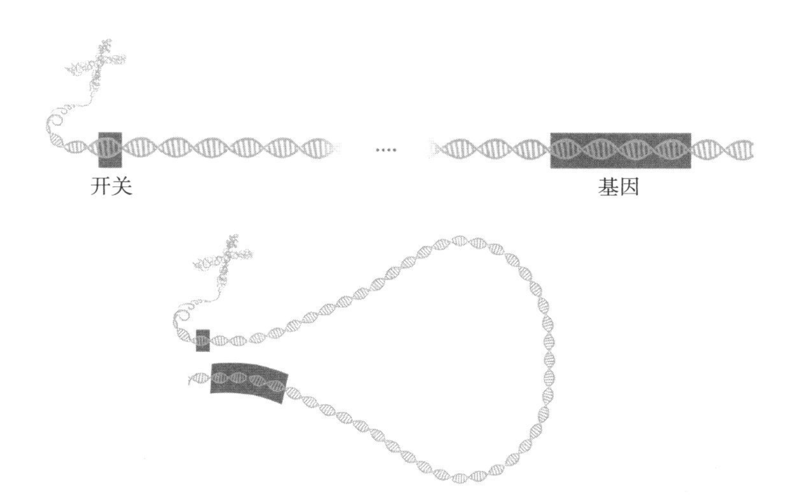

图 3–3　一些遗传开关所处的位置距离其控制的基因非常遥远。DNA 总是通过盘绕、折叠和扭曲，将开关带回到基因附近开启基因并制造蛋白质

是一样。这一调控区域在所有拥有附肢的动物中都是存在的，就连鱼类也有——鲑鱼中存在，鲨鱼中也存在。所有在附肢发育过程中表达了音猬因子基因的生物，不论长的是四肢还是鳍，距离该基因100万个碱基的位置都存在这一调控区域。通过这一奇怪的基因位置，自然试图告诉科学家一些重要的事情。

改变配方

乍一看，多指（趾）的猫和人可以出生存活是一件很神奇的事情。因为音猬因子基因不仅仅在胚胎发育过程中控制四肢的发育，它还是一个能控制心脏、脊髓、大脑和生殖器发育的主导基因。音猬因子基因仿佛一个普适工具，发育将它从工具箱中拿出来用于制造不同的组织和器官。相应的，音猬因子基因相关的变异将会影响所有激活了该基因的结构，变异可能会影响脊髓、心脏、四肢、面部和生殖器。那么，变异的音猬因子基因将会产生什么样的动物呢？由于变异的音猬因子基因将会产生多种畸形的组织，这个问题的答案极有可能是一个死掉的动物。

但是，音猬因子基因的调控机制确保这一结果不会发生。为什么呢？因为发生在控制四肢部位的变异仅仅影响四肢。这就是为什么多指（趾）变异的人能够拥有正常的心脏、脊髓以及其他结构：控制基因的开关仅仅对特定组织有效，而其他部位则不受影响。

想象一个有很多房间的建筑，每个房间都有各自的恒温器。中央空调的变化会影响建筑中所有的房间，而单个恒温器只会影响它所控制的那一个房间。基因以及它们的控制区域也是同样的关系。正如中央空调的变化会影响整个建筑，基因发生变化，所产生的蛋白质会影响到整个身体。整体的改变可能是毁灭性的，将导致演化的“死胡同”。由于基因的控制区域是针对不同组织的，正如房间里的恒温器，一个器官中的改变不会影响其他部位。变异是可行的，演化也将是可行的。

有两种基因方面的变化可以在演化变革中发挥作用。首先，基因本身的变化可以形成新的蛋白质。DNA中碱基序列的变化可以导致形成蛋白质的氨基酸链的变化。如果DNA变异造成氨基酸链中某个氨基酸的改变，就会产生新的蛋白质。这一过程会发生在机体的许多重要蛋白相关基因上，比如扎克坎德和鲍林研究过的血红蛋白基因。关键是，蛋白质的变化将影响所有存在该蛋白质的身体部位。

基因组的另一种变化发生在控制基因活性的开关部位。加州大学伯克利分校的一个实验室看到鲍勃·希尔的工作之后，希望搞清楚音猬因子基因的开闭是否与四肢演化相关。鉴于蛇类完全没有四肢，他们就从研究蛇类开始。当将蛇类基因组中该基因开关位置的DNA区域剔除，并插入小鼠体内时，实验小鼠的四肢都没有长出指（趾）头。看起来，蛇类基因组的开关区域发生了变异，能够控制形成四肢的能力。蛇类中音猬因子基因所合成的蛋白质完全正常，正如它们的心脏、脊髓和大脑一样；其四肢中音猬因子基因开关的改变，意味着只有在四肢中的这一基因的活性发生了改变。

基因的这个诡计里藏着演化变革中的普遍规律的线索。如果过去15年的研究给了我们什么指示，那就是脊椎动物和无脊椎动物身体的头骨、附肢、鱼鳍、翅膀、躯干等不同器官和结构等重大的演化变革，背后是控制基因活性的开关的变化。一个又一个例子表明，演化变革更多的是关于这些基因在发育中于何时何地开启，而不是基因自身的变化。

斯坦福大学的遗传学家戴维·金斯利花了近20年的时间研究微小的三刺鱼。三刺鱼生活在世界各地的海洋和溪流中，有多种形态：一些有四个鳍，一些有两个鳍，还有一些有不同的身体形状和色彩图案。这种多样性使三刺鱼成为一个研究基因变化如何引起个体差异的便利工具。利用基因组技术，金斯利在三刺鱼中找到了引起多数形态变化的确切DNA区域。实际上，这些区域全都是控制基因活性的开关。仅有两个鳍的三刺鱼有一个基因活性发生了显著变化，后鳍发育必需的基因活性受到了抑制。这一发现表明发生变化的不是基因，而是控制基因活性的开关。当金斯利从一条有四个鳍的鱼中提取出这一段开关序列，并移植到通常只有两个鳍的鱼体内时，猜猜看发生了什么？他用长有两个鳍的三刺鱼父母繁殖出了一条有四个鳍的突变小鱼——后鳍“复活”了！

现在，我们拥有扫描整个基因组以查看基因及其调控区域所在位置的技术。调控区域可能位于基因组中的任何地方，有些接近受控基因，而另一些则相距甚远，就像音猬因子基因那样。一些基因可能有许多其活性的控制区域，而另一些则只有一个控制区域。无论存在多少个控制区域，无论它们位于基因组中的何处，这种分子机器的工作方式都是一个优雅的谜团。

新的显微镜技术使我们能够观察DNA分子，也使我们看到了基因是如何打开和关闭的。

为了激活一个基因，需要发生分子层面的“扭扭乐”游戏。在细胞核中，基因组的非活性区域紧紧缠绕，结合在其他小分子周围。这些区域是关闭的，没有活性的。因此，基因组的某个区域在被激活以产生蛋白质之前，需要先解开缠绕。

这些只是精心编排的基因调控程序中的第一步。为了激活一个基因，它的开关需要与其他分子接触并附着在与基因本身相邻的区域。这些附着活动激活了基因，使之能够合成蛋白质。对于音猬因子基因来说，DNA需要折叠很长的距离才能开启。因此，基因启动时的完整步骤是这样：基因组打开折叠，暴露基因及其控制区域，各相关部分附着，然后才能合成蛋白质。每个细胞和蛋白质都是如此。

将一串6英尺长的DNA链盘绕起来，直到比针尖还小。想象一下，在微秒级的时间内，DNA链开启又关闭，扭曲并转动，每秒激活数千个基因。从胚胎开始到整个成年阶段，我们的基因都在不断地开启和关闭。我们的生命始于一个受精卵细胞，随着时间流逝，细胞增殖，一系列基因被激活以控制其行为，从而形成人体的组织和器官。当我写这本书的时候，当你阅读它的时候，在我们体内所有的4万亿个细胞中都有基因在不断开启和关闭。DNA拥有相当于许多超级计算机的计算能力。有了这些指示，利用分布在整个基因组中的调控区域，只需要20 000个基因就可以构建和维持蠕虫、果蝇和人类的躯体。这种极其复杂和充满活力的机制的改变，是地球上所有生物演化的基础。我们的DNA总是在不停地盘绕、解旋和折叠，就像杂技大师一样，它是发育和演化的总指挥。

这项新的研究成果证明了40年前，玛丽·克莱尔·金为寻找人类和黑猩猩的蛋白质差异所做的努力。她和艾伦·威尔逊在1975年发表的论文标题《人类和黑猩猩在两个层面上的演化》中预见了基因开关的重要性。一个层面是基因，另一个层面是控制基因何时何地活跃的机制。人类与黑猩猩之间的主要区别不在于基因和蛋白质的结构，而在于控制它们在发育过程中如何工作的开关。从这种角度看，人类和黑猩猩、蠕虫或鱼类等不同生物之间的鸿沟在遗传水平上变小了。如果说是蛋白质控制了发育过程中的时机或方式，那么改变蛋白质的活动时间和位置将会对成年个体的身体产生重大影响。

改变控制基因活性的开关会以多种方式影响胚胎和演化。例如，如果在更长的时间或在不同的位置打开控制大脑发育的蛋白质基因，结果可能是产生更大、更复杂的大脑。调节基因的活性可以带来新型的细胞、组织，以及我们即将看到的躯体。

第 4 章

美丽的怪物

关于自然界运转机制的大多数猜测都笼罩着怪物。在达尔文之前的时代，“怪物”一词更常用于技术层面。博物学家和解剖学家精心发明了分类规则，用来描述两个头的山羊、多腿的青蛙和连体的双胞胎等怪物。16世纪的人们认为，这些畸形是由于受孕时精液过多，或者妇女怀孕期间思虑过度造成的。

18世纪，一门新的科学诞生了，当时德国解剖学家塞缪尔·托马斯·冯·索莫林（1755—1830）猜测怪物反映了正常发育的一种异常变化，而不是什么神秘力量。在他看来，这些怪物是“生殖力受到扰动”的结果。在他发表于1791年的关于这一问题的专著首页，他描绘了长有两个头的人类：一些死产婴儿脖子上长出两个完整的头部，而另一些畸形则多长了一张脸。他认为，每种情况都代表了来自不同正常发育阶段的变化。完全重复的头来自发育早期阶段的干扰，而不完全融合的面孔则来自发育较晚阶段。

几十年后，杰弗里·圣伊莱尔提出，他经常使用的怪物一词，反映了一种生物变成另一种生物的潜在可能性。在随拿破仑前往埃及探险并遇到肺鱼（见第1章）之后，他剩下的时间都在尝试用鸡蛋阐释变异，向其中添加各种各样的化学物质干扰其发育过程。他认为，只要添加了正确的化学物质混合物，改变胚胎发育，就可以将一种生物变为另外一种生物。根据早期认为鸡在正常胚胎发育过程中曾经历鱼类阶段的观点，圣伊莱尔花了数十年的时间尝试着从鸡蛋中养出鱼来。当然，这些尝试都失败了，但他的儿子伊西多尔继承了他的遗志，并出版了三卷关于先天畸形的专著，至今仍在使用。伊西多尔还创立了先天畸形分类学，根据类型、受累器官和畸形程度进行分类。例如，他研究了连体双胞胎，根据相互连接的器官以及身体结构混合的情况进行分类。这一工作为后来的研究者理解畸形产生的生物学机制建立了基础。

随着《物种起源》出版，达尔文改变了发育畸形的研究。对达尔文来说，如果演化的发动机是自然选择，个体之间的变异就是燃料。如果一个物种不同个体的外形和功能特征存在差异，而其中一些特征能够增加个体在特定环境下的存活机会，那么这些个体和特征会随时间推移增多。如果某个特征对个体的生存有害，那么它会随时间减少。演化的本质是不同个体之间的差异。如果种群中所有个体都是完全一样的，自然选择驱动的演化将永远不会发生。个体间的差异是演化的原始材料，是自然选择的作用对象。个体间的差异越多，演化就发生得越快。只有存在丰富的差异，包括怪物所揭示的那些差异，自然选择才会给生物带来巨大的变化。

威廉·贝特森（1861—1926）是达尔文之后拥护变异研究的人之一。如达尔文一样，贝特森也是伴随着对博物学的热情成长起来的。小时候有人问他长大了想成为什么样的人，他的回答是他想成为博物学家，如果他不够出色，就必须成为一名医生。贝特森于1878年进入剑桥大学，成绩一般。但是，达尔文的《物种起源》对年轻的贝特森产生了深远的影响。他满怀激情地希望了解自然选择的作用机制。对他而言，答案在于了解物种如何变化：使生物看起来彼此不同的机理是什么？阅读了发现豌豆遗传原理的格雷戈尔·孟德尔的著作后，贝特森突然顿悟：从一代传给下一代的变异正是演化的本质。他将孟德尔的作品翻译成英文，并发明了一个新术语来描述它：遗传学（genetics），源于希腊语“genesis”，意思是“起源”。

贝特森像之前的圣伊莱尔一样，想对物种和个体之间的差异进行分类。但是，贝特森有一个优势。带着来自不断成长的遗传学领域的新想法，他开始寻找个体之间的差异对演化产生影响的方式。

贝特森花了将近10年的时间从事这项研究，并于1894年出版了具有纪念意义的《研究变异的材料》（*Material for the Study of Variation*），该书包含了关于生物如何产生差异的路线图，并试图寻找差异的一般规则以及演化之路。在评估尽可能多的物种时，他描述了两种不同的变异模式。一种类型是器官大小或程度的差异，形成从小到大的连续序列。例如，一群小鼠会有不同长度的附肢和尾巴等，通过测量长度、宽度或体积，就可以轻松地衡量这种变化。另一种变化则更为夸张，涉及结构的存在与否，海明威猫的多趾性就是一个例子。正常个体有5个脚趾，而多趾的个体则有6个或更多脚趾。这些猫的脚趾数量与正常猫不同，而骨骼长度则没有差异。这种变化只涉及类型的改变，不涉及程度或大小。

寻找具有额外器官的生物成为贝特森的爱好。在这一过程中，他被自然界中的怪物震惊了——它们有多余的器官或长错位置的器官，例如蜜蜂原本长触角的位置长出了腿，具有多余肋骨的人，或有多余乳头的男性。在这些情况下，好像是在身体各处剪切和粘贴了器官。一个发育良好的器官可以整个复制在身体的不同位置。这些怪物充满了谜团，对它们的理解可能会揭示有关身体构造和演化的一般规律。

从16世纪开始，自然哲学家就转变了观念，认为怪物反映了生物界的某些基本规律。想要探究这些基本规律，所需要的是正确的怪物和研究它用到的科学工具。

果蝇

托马斯·亨特·摩尔根（1866—1945）决定研究果蝇，是生物学史上最伟大的决定之一。在职业生涯之初，摩尔根研究了藤壶、蠕虫和青蛙，坚信它们的细胞和胚胎中蕴藏着关于人类生物学的线索。他并不是在随意选择研究对象，而是专注于某部分肢体能完整再生的小型水生生物。例如，真涡虫具有再生能力：将它们的身体切成两半，任其生长，最终将得到两个完整的个体。许多生物（蠕虫、鱼类和两栖动物）可以在遭受损伤后重建身体。而我们只能嫉妒这些动物兄弟；在演化过程中的某处，哺乳动物失去了这种能力。

在摩尔根从事科学研究的那个时代，许多我们今天习以为常的知识还不为人所知。捷克神父格雷戈尔·孟德尔发现生物的特征可以代代相传，但这种遗传的来源是一个谜。人们已经观察到了细胞，但是尚不清楚染色体在遗传过程中的作用，更不用说了解DNA的存在了。

隐含在摩尔根科学思想中的是对生命认识的根本转变，这一事实几乎支撑了当今的所有生物医学研究：从蠕虫到海星，各种各样的生物可以为了解人类生物学的一般机制提供信息。他默认在地球上的所有生物都有着深层次的联系。

经过数年的再生实验，并在1901年出版的颇具影响力的《再生》（*Regeneration*）一书中进行了描述之后，摩尔根意识到，这一研究不足以令他的工作取得重大进展。于是，他开始寻找新的研究项目。从再生到解剖学，这一切的核心在于遗传——信息从一代传给下一代。了解遗传的驱动因素将是揭示许多生物学奥秘的关键。摩尔根坚信，找到一种能够快速繁殖和生长，并且能在实验室大量饲养的小型生物将有助于洞悉遗传的奥秘。他的理想目标是一种染色体在显微镜下可见的生物。那时候染色体含有遗传物质的观点已经被提出，但尚未得到证实。备选物种清单很长，但其中并没有他最想了解的生物：人类。

摩尔根不知道的是，当时有一位昆虫分类学家也在寻找类似的物种，尽管他们想要解决的问题不同。加州大学伯克利分校的查尔斯·伍德沃思（1865—1940）毕生致力于揭示神秘的昆虫解剖学细节，希望解决蝇类等昆虫的分类问题。因此，他成了蝇类生物学专家，并将黑腹果蝇看作潜在的实验模型。在20世纪初的某个时候（确切的年份不得而知），他联系了哈佛大学的生物学家威廉·卡斯尔（1867—1962），并建议他用果蝇进行一些实验。

像贝特森一样，卡斯尔也想要揭示遗传和变异的机制。卡斯尔当时正在研究豚鼠，希望了解它们的皮毛颜色和体型是如何世代相传的。但是，研究豚鼠存在许多困难，因为雌性一次最多生育8个后代，并且妊娠期长达两个月。为了研究豚鼠的遗传特征，卡斯尔不得不等待几个月，才能让它们繁殖足够多的世代。伍德沃思提出将果蝇作为研究对象的建议，显然颇具吸引力。果蝇平均可以存活40~50天，雌性果蝇一生可以产数千枚卵。卡斯尔意识到，用果蝇一个月内可以做的遗传实验比用豚鼠好几年做的多。

于是，卡斯尔转而研究果蝇，并开发了繁殖和饲养果蝇的方法。1903年，他发表了一篇关于果蝇实验的论文，该论文对科研界的影响远超实验结果的科学贡献本身。包括摩尔根在内的许多科学家都看到了研究果蝇的美好前景。

乍看起来，果蝇并不像能带来突破性发现的物种。它体长约3毫米，生活在腐烂的水果上。我们多数人都在垃圾堆周围见过这种小型昆虫，它们虽然不咬人，但四处纷飞的样子很讨厌。但是，使它们成为害虫的原因也使它们为科学做出贡献。

摩尔根的工作遵循研究怪物的传统，也就是寻找和分析突变体。突变是研究正常基因功能的关键。缺失眼睛的突变体反映了一个或多个控制眼睛形成的基因缺陷。因此，突变体能够指示调控不同器官发育的基因。由于突变体的数量很少，摩尔根需要培育成千上万只果蝇才能找到一个突变体。他的团队饲养了几百个果蝇繁殖种群，并把每只果蝇都放在显微镜下观察，寻找任何可能的异常特征。

我们大多数人并不知道，显微镜下的果蝇的身体其实非常复杂。在中等放大倍数下可以看到，它们分段的身体上长有刚毛、尖刺和附肢。摩尔根的团队已经非常熟悉果蝇的身体，无论多小的变化都可以成为他们分析新突变的素材。他们花了大量时间在显微镜下观察，寻找具有任何奇怪特征的果蝇。特征的变化也许是翅膀形态不同，也许是新的条纹图案或附肢的些许改变。

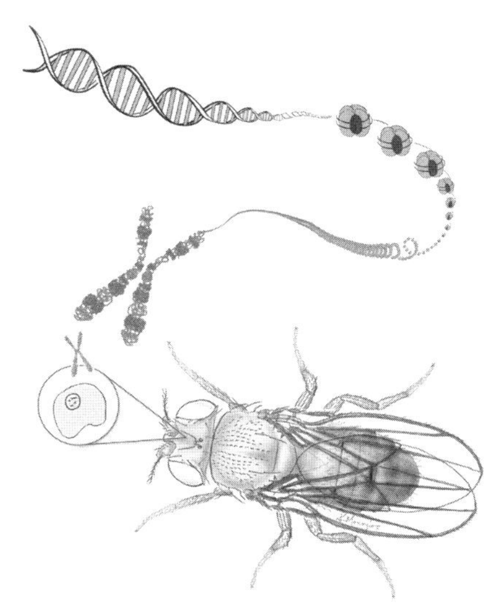

图 4-1　基因是DNA序列的片段，DNA链紧密盘绕在一起形成染色体，而染色体位于细胞核内。注意染色体上的条带

众所周知，基因是一段DNA序列。紧密盘绕的DNA进一步形成染色体，而染色体位于细胞核内。若条件适当，在显微

镜下就可以看到染色体。虽然摩尔根对DNA一无所知，但他可以观察染色体。染色体成为他窥探基因的窗口。

摩尔根设计了巧妙的方法，尝试将突变体的解剖结构与其遗传物质联系起来。他的团队发现果蝇的唾液腺内有巨大的染色体。他们取出这些染色体，并用提取自野生地衣的红色染料处理，在染色体上就会呈现一系列白色和黑色的条带，这些条带有些很粗，有些很细。然后，摩尔根绘制了正常果蝇和突变果蝇的染色体条带图案。通过比较，他可以看到两条染色体上条带的差异，这实际上揭示了导致突变的遗传变化所在的位置。

果蝇以烂香蕉为食，所以摩尔根的实验室被垃圾的气味淹没了。在那儿工作意味着要花费数小时凝视显微镜。出于这些原因，在摩尔根的团队中取得成功需要一种特殊的人才——能够专注观察果蝇的身体、染色体条带和突变体的人。亟待解决的是一个有关生命的重大问题：信息如何从一代传给下一代？

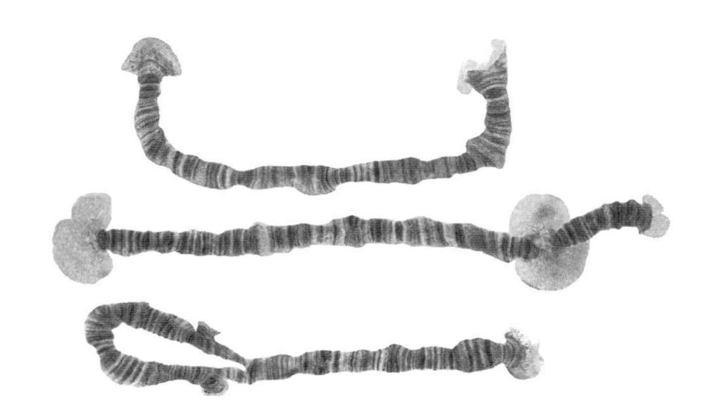

图 4–2　一种摇蚊的染色体，可以见到黑白相间的条带

最开始，摩尔根的实验室位于哥伦比亚大学一个狭窄的房间里。在那里，他们饲养果蝇，使其繁殖并在显微镜下进行观察分析。摩尔根招募了一批最优秀、最聪明的人才，后来其中一些人成为20世纪初最早的生物学家。这个实验室被称为“果蝇屋”。在哥伦比亚大学工作了14年后，1928年摩尔根将整个实验室转移到了加州理工学院，并于1933年获得了诺贝尔奖。

一位摩尔根早期的学生非常善于研究果蝇。卡尔文·布里奇斯（1889—1938）不仅拥有识别突变体的锐利眼睛，而且可以耐心地端坐好几个小时寻找这些特征。布里奇斯发现了其他人看不见的果蝇之间的微小差异，而且带来了技术上的进步：他发现使用双目显微镜可以扩大视野范围，还发现了果蝇可以琼脂为食。后者对实验室来说是一个重要的改变——果蝇屋终于不再闻起来一股烂香蕉味儿了。

布里奇斯的头发根根直立，仿佛物理定律不存在一般，暗示着他不安分的灵魂。不在实验室里艰苦工作的时候，他经常会消失很长时间。有一次，他带着自己设计的新型汽车的照片出现。关于他多情的谣言漫天飞，这让摩尔根感到非常失望。布里奇斯也因此未能获得加州理工学院的教职。他40多岁就英年早逝，实验室里流传着他被情人的配偶因嫉妒杀死的流言。可悲的是，真相同样悲惨。最近，我的一个研究遗传学的同事请布里奇斯的兄弟翻出他的死亡证明，结果发现，他其实死于梅毒并发症。

实验室成员并未对外界透露布里奇斯的个人行为。但是，布里奇斯对摩尔根的工作产生了如此深远的影响，以至于他去世之后，摩尔根与他的家人分享了诺贝尔奖金。

布里奇斯以善于发现突变果蝇闻名，这些果蝇的颜色、翅膀形状或刚毛特征有细微的差别。但他最著名的一个发现相对容易，即使是业余爱好者也很难错过这一变异。“双胸”（*Bithorax*）这个名字说明了一切：这种果蝇有四个带翅膀的胸节，而不是两个。身体的整个区域都重复了，包括翅膀在内的所有器官。

布里奇斯绘制了这种果蝇的图示，并描述了它的解剖结构。然后，他做了遗传学家在找到突变体时所做的事情：他在加州理工学院的果蝇实验室中饲养并繁育了这种果蝇谱系，为这些突变体建立了可以无限延续的种群。

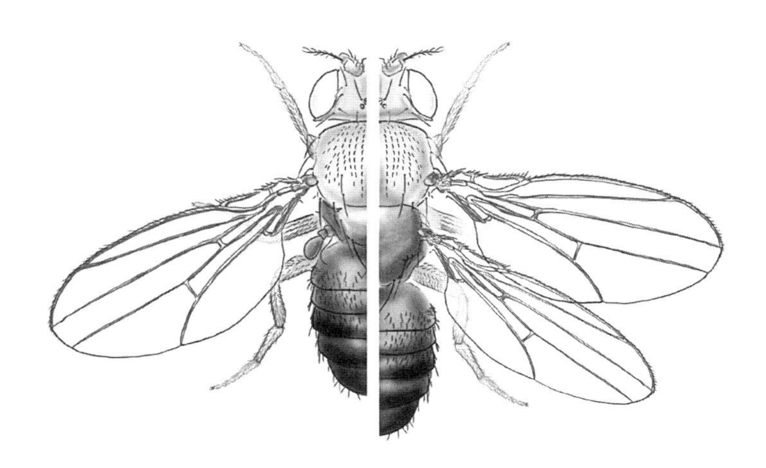

图 4–3　左侧是正常果蝇，右侧是双胸突变体

布里奇斯希望找到这些突变体的染色体上可能发生改变的位置。利用摩尔根对唾液腺染色体的染色技术，他在双胸突变体中找到了与正常果蝇不同的条带区域。发生双胸突变的原因是果蝇染色体上的一个宽广的区域发生了变异。

摩尔根和布里奇斯在理解果蝇单一特征方面的探索，开辟了一个充满挑战和机遇的新世界。他们这些研究者的发现表明，果蝇的各种特征都是可遗传的。某些生物物质从一代传递到下一代，告诉发育中的果蝇胚胎在身体的正确位置长出翅膀。布里奇斯的突变体表明，这种物质存在于果蝇的染色体上。但是，这种指挥构建器官和身体的物质是什么？它又是如何施展魔力的呢？它能告诉我们在百万年的时间里，身体是如何构建和如何演化的吗？

穿起来的珠子

爱德华·刘易斯（1918—2004）对果蝇的热爱是被从杂志上看到的广告点燃的。他出生于宾夕法尼亚州的威尔克斯巴里市，好奇心浓厚，曾经长时间地待在当地图书馆里。当年，他看到了果蝇的广告并介绍给了当地的高中生物俱乐部。俱乐部因此建立了一个果蝇种群，而刘易斯开始摆弄果蝇。

布里奇斯逝世一年后的1939年，刘易斯进入加州理工学院，学习由果蝇屋开创的遗传学。他是一个安静的人，生活非常规律：他一大早就来到实验室工作，早上8点做运动，继续独自完成更多工作，在加州理工学院著名的雅典娜教师俱乐部吃午饭，然后继续工作并吹奏心爱的长笛，直到晚饭时间。像布里奇斯一样，他能力超凡，可以长时间坐在显微镜前观察果蝇。众所周知，刘易斯最喜欢晚餐后安静的实验室。刘易斯寻找和繁殖突变果蝇的工作也可以说是一种沉思方式。

布里奇斯取得巨大技术进步的实验室仍在运转，并容纳了著名的双胸突变体果蝇。刘易斯开始进行研究工作的时候，就知道了这种突变体，并且对它的结构有所了解。由于布里奇斯的图谱显示该突变的位置跨越了染色体上的多个条带，因此刘易斯认为它可能涵盖多个调控发育的基因。

为了分离出形成额外翅膀的遗传物质，刘易斯发明了一种新颖但费时的方法来探测双胸突变体。他花了数十年的时间从事这项工作，曾有10年时间未发表任何一篇科学论文。1978年他发表的长达6页的文章，既有革命性又无懈可击。要理解这一切，必须多次阅读这篇论文，因为它表述的观点源自与果蝇共度的多年平静生活。

刘易斯开发出了一项强大的新技术：他去除果蝇胚胎染色体的大部分区域，然后让果蝇继续发育，观察缺乏这种大片区域对果蝇身体的影响。然后，他会依次向染色体中添加小碎片，查看对果蝇身体的影响。这种方法使他能够确定染色体各个部分的独立功能。

这种方法使我想起一种被称为清肠的流行饮食方法。人们会禁食几天，然后依次添加不同的食物。在几天的时间，人们通过完全避免进食，然后在几天内仅添加乳制品，就可以知道鸡蛋、牛奶和奶酪如何影响他们的能量水平和情绪。再然后，通过禁食和添加不同组合的食物，他们又可以知道深色的叶类蔬菜和乳制品之间的相互作用。刘易斯对双胸突变果蝇的大片染色体区域进行了相同的操作：他将果蝇胚胎大片染色体区域完全取出，让果蝇继续发育并记录结果，然后将小段染色体分别或以不同组合的形式插入其他胚胎的染色体中，观察它们对成年果蝇身体的影响。

刘易斯的基因剪接和粘贴实验结果显示，双胸突变不是由单个基因引起的，而是由许多基因联合导致的。这些基因成排分布在染色体上，就像项链上的珍珠一样。他推测，这些基因共同构建了胚胎，其中的每个基因都有其自身的功能。但这并不是最引人注目的事情。

果蝇的身体由从前到后的各个部分（头部、胸部和腹部）组成。每个部分都带有一个附肢：头上有触角和口器，胸上有翅膀，腹部有腿和毛刺。[①]刘易斯发现，双胸突变区的每个基因都控制着果蝇身体的不同部分。一个基因让头部长出触角，另一个基因让胸部长出翅膀，而第三个基因让果蝇在腹部长出腿。这些基因在建立基本身体结构时发挥了重要作用。身体从前到后的组织结构是由基因控制的。此外，令每个人都大为惊讶的是，染色体上基因的位置对应了身体结构：头部活跃的基因位于一端，腹部活跃的基因位于另一端，胸部的基因位于中间。身体的组织结构也反映在基因的活性和结构上。

---

① 实际上腿位于胸部。——译者注

尽管刘易斯的发现令人振奋，但许多生物学家认为这种规律可能只存在于果蝇中。一方面，果蝇的体节与其他动物（如鱼类、小鼠和人类等）的身体部分不同。果蝇缺少我们身体中可见的脊柱、脊髓以及其他结构，而鱼类、小鼠和人则没有触角、翅膀和刚毛。

更大的区别在于果蝇的发育过程。在个体发育中，大多数动物的胚胎都有数百万个不同的细胞，每个细胞都有自己的细胞核。而果蝇胚胎看起来像有许多细胞核的单个细胞，就像在一个口袋中装了大量的遗传物质。没有哪个用来解释动物发育和演化普遍规律的动物，会比果蝇长得更奇怪了。

怪物糊糊

1978年刘易斯发表关于果蝇双胸突变的论文时，生物学领域正在经历一场技术革命。在摩尔根的时代，基因曾经是一个黑匣子。他和他的团队能够将基因对身体的影响以及它们在染色体上的位置拼凑起来，实际上对基因的工作原理却一无所知，更不用说知道它们原来是DNA片段了。

到了20世纪80年代，刘易斯发表论文后的几年，生物学家已经能够对基因进行测序，并了解它们正在体内的哪个地方积极地制造蛋白质。迈克尔·莱文和比尔·麦金尼斯在已故的沃尔特·格林（1939—2014）位于瑞士的实验室中工作时，曾发现一只突变的果蝇在它头上原本应该长有触角的位置长出了一条腿。

除此以外，头部发育一切正常。就像布里奇斯发现的带有额外翅膀的突变体，或者贝特森发现的剪切和粘贴突变体一样，这种突变体使身体发育出现混乱，并且具有位于头部的特定缺陷。

利用布里奇斯无法想象的DNA技术，莱文和麦金尼斯能够分离出发生突变的基因。然后，他们制作了一段特殊的DNA，用来检查突变基因在发育中表达的位置。回想一下，当基因活跃时，它们就合成蛋白质。为了合成蛋白质，基因会使用另一种分子——RNA（核糖核酸）作为中介。要测试基因在何处激活，可以查看RNA在哪里生成。因此，这两个人将染料附着在一个分子上，这种分子可以在果蝇体内的任何位置找到RNA。当这种混合物被注入正在发育的果蝇胚胎中时，染料会被带到基因开启的位置，然后在显微镜下的胚胎中就可以看到相应部位被染色。

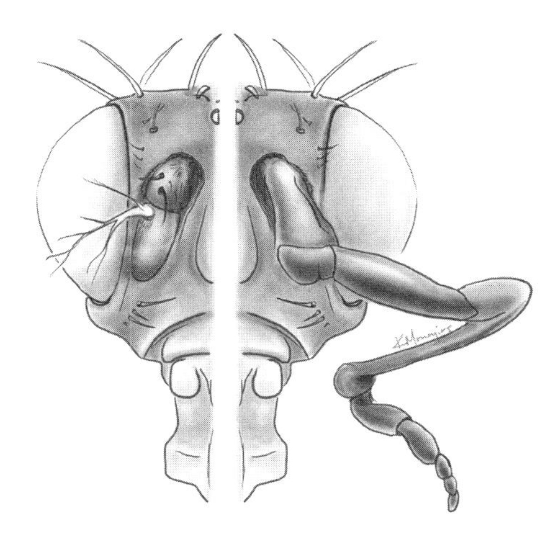

图 4–4　左侧是正常的果蝇，右侧是突变体。之所以被命名为触角足突变（*Antennapedia*），是因为它在原本应该长触角的位置长出了一条腿

触角足突变的基因通常在一个特定的地方表达活跃：头部。此外，该基因控制着头上各种器官的形成，无论是正常的触角还是突变体中的腿。如果这种情况听起来很熟悉，那是因为这正是爱德华·刘易斯几年前在双胸突变的染色体研究中所看到的情况。回想一下，他在染色体上看到了一排基因，一个接一个，每个都作用于特定的身体部分，控制着相应位置的器官发育。也许这个头部突变的基因预示着即将到来的新发现，即控制果蝇身体各个部位正常发育的其中一组基因。

这一结果促使莱文去查阅刘易斯在1978年发表的论文。此后，他反复阅读这篇论文50多次，但正如他自己所说，仍然“没有完全理解”。

根据刘易斯的论文，莱文和麦金尼斯试图去验证他的一个主要推测：在染色体上应该有一系列相似的基因彼此相邻。分离出突变基因后，他们开始寻找附近是否还有其他相似的基因。他们所使用的技术十分粗糙：将果蝇的身体打碎成糊状，分离出DNA，将混合物置于凝胶中，并加入先前提取的附着了染料的基因。试验设想是，基因将像分子捕蝇纸一样，附着在序列相似的基因上，而染料将帮助他们找到并分离这些相似基因。

结果显而易见，基因组中还有许多其他类似的基因。莱文和麦金尼斯对每个类似基因进行测序后发现，这些被染色的基因都有一小段几乎完全相同的DNA序列。令人惊讶的巧合是，印第安纳大学的马特·斯科特独立做出了同样的发现。

现在，知道了这些基因的序列后，科学家便可以更大规模地应用相同的技术，来观察发育过程中它们在果蝇身体中的活跃部位，以及它们在染色体上的位置。利用在突变体果蝇上应用的技术，世界各地的研究人员发现了一些出人意料的结果：这些基因在染色体上彼此相邻，并且每个基因在果蝇身体的不同部位表达活性。

在如此疯狂的实验过程中，莱文还与另一个实验室的科学家进行了讨论。这位科学家指出，果蝇并不是唯一身体分节的动物。蚯蚓管状的身体由块状的体节构成。为什么不检查一下蚯蚓呢？也许它们的基因也对应了体节。

这个偶然的建议让莱文和麦金尼斯跑到实验楼后面的花园，收集他们发现的每一种令人毛骨悚然的动物：蚯蚓、苍蝇及其他昆虫。他们提取了每种生物的DNA，研究它们是否也具有序列相似的基因，结果发现确实如此。他们并没有就此停下脚步。随后的研究揭示，青蛙、小鼠甚至人类的DNA也具有此类序列。

对蚯蚓、果蝇、鱼类和小鼠的研究揭示了有关动物身体的普遍规律。构建果蝇身体的此类基因，几乎存在于从蚯蚓到人的各种动物体内。所有这些基因像穿在线上的珠子一样，一个挨着一个排列在染色体上。每个基因似乎都是在身体的特定部位（头部、胸部和腹部）才活跃。此外，正如刘易斯第一次看到的那样，基因在染色体上的位置与相应体节从前到后的顺序相符合。

大约40年前，启迪了我在遗传学和分子生物学领域工作的

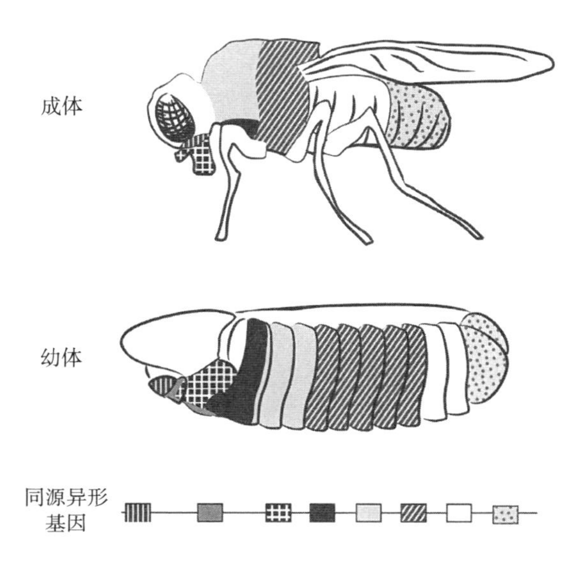

图 4–5　同源异形基因（Hox基因）就像穿在绳子上的珠子，在果蝇和小鼠的身体各个体节内依次被激活

文献中，就有描述这些基因的文章。

1995年，诺贝尔奖委员会认可了爱德华·刘易斯在开辟生物学研究新领域方面的贡献。接受诺贝尔奖时，他仍持有一贯的谨慎态度。他在获奖感言中提到，与他的初恋“果蝇和科学”相比，获奖不算什么。

甲虫、果蝇和蠕虫拥有不同的体节数量和附肢类型。想象一只龙虾，它前面有触角，然后是大钳、小钳和腿。每一对附肢都来自一个单独的体节。蜈蚣的每个体节上都有一对完全相同的腿。飞行昆虫的某些体节上长有翅膀而不是腿。而人类的身体上依次长有椎骨、肋骨和四肢。利用这些基因，现在科学家可以提问：动物的基本身体结构是如何发育和演化的？

卡尔文·布里奇斯识别出形成多余翅膀的大致染色体区域。爱德华·刘易斯揭示了该区域包含许多基因，每个基因在身体的特定部位开启。莱文、麦金尼斯和斯科特的研究则表明，这些基因非常古老，在所有动物中都存在。现在，新一代人受到鼓舞，准备去探索这些基因是如何工作的。

剪切和粘贴

我的孩子们在科德角半岛的海滩上蹒跚学步时，曾经在沙子里找到小虾似的动物。捉弄它们并看着它们的反应，你就会知道它们为什么会被叫作“跳跳虫”。这些生物的常见名称是沙跳虾或沙蚤，长约0.5英寸，身体透明，通常在沙滩上挖洞为生。当被激怒时，它们可以收缩自己的身体，向空中跃起1英尺来高。全世界共有约8 000种已知的沙蚤，人们熟悉的海滩上的种类只是其中一员。所有沙蚤都善于运动，有游动、挖掘和跳跃等多种行为方式。它们用如瑞士军刀般的腿来完成这些运动：有些腿大，有些腿小，有些腿朝前，有些腿朝后。它们的生物学分类就是端足目（*amphipod*），amphipod在希腊语中的意思是具有向后和向前的腿："amphi”的意思是“双”，而“pod”的意思是“腿”。

1995年，生物学家尼帕姆·帕特尔在芝加哥成立了自己的独立实验室，希望找到一种完美的动物来探索基因如何构建动物的身体。由于端足目具有许多不同类型的腿，直觉告诉他这些动物可以成为研究刘易斯发现的同源异形基因的理想对象。为了找到实验所需的完美端足目动物，他花了数年时间在19世纪的德国专著中搜寻。19世纪初是解剖学插图和描述的极盛时期，图书馆中藏有整屋的不同类群的动物图册。借助形态描述和平版印刷的示意图，帕特尔制订了一个研究计划，这个计划也非常适合他的长期爱好。

如果你有幸去参观帕特尔在芝加哥的房子，就会在客厅中央见到一个巨型海水水族馆。由于他是一名非常专业的水族爱好者，在使用家用水箱过滤系统方面的经验给他提供了一个灵感。保持过滤系统清洁是日常任务，尤其是要清除聚集生长在过滤器上的小型无脊椎动物。他注意到，在过滤系统的污垢之中有许多小小的无脊椎动物。显然，它们喜欢水流中的营养颗粒，并把这里当成了温馨的家园。

这给了帕特尔一个灵感。如果小型无脊椎动物喜欢他的小型过滤系统，那么想象一下，他可能会在芝加哥谢德水族馆大型海水缸的过滤系统污垢中找到多么丰富的生物种类。这些大型水箱里展览着鲨鱼、鳐鱼等50多种大型鱼类，不时还有人类讲解员戴着水肺游过。帕特尔派一个研究生去查看这些大型水箱的过滤系统。他有一种预感，那就是淤泥中藏有他可以在实验室中使用的小动物。

谢德水族馆的过滤器被证明是小型无脊椎动物的伊甸园。帕特尔的学生花了整整一天的时间刮擦过滤器，并在显微镜下观察污泥中的生物。其中一种被称为钩虾（*Parhyale*）的端足目动物非常具有研究潜力。它个体很小，生长很快，繁殖也很快。它还有许多不同类型的附肢，看起来像是一种完美的实验动物。帕特尔在实验室中繁育了钩虾并继续进行实验。摩尔根曾经通过研究果蝇了解遗传的机制，现在帕特尔决定使用端足目动物来探索基因如何构建身体。

从芝加哥的谢德水族馆获得钩虾后不久，帕特尔就搬到了加州大学伯克利分校，设立了以这些生物为中心的研究计划。伯克利、帕特尔和钩虾是一个幸运的组合。伯克利分校有一位名叫詹妮弗·杜德纳的科学家，她发现了一种编辑基因组的新方法——常间回文重复序列丛集关联蛋白系统（CRISPR-Cas）。利用这种技术，科学家可以使用两种工具锁定基因组区域：一个引导手术刀至正确位置的向导和一把切割DNA的分子手术刀。2013年，杜德纳及来自世界各地的同行证明，各种不同物种的DNA都可以精确切割和编辑。他们的CRISPR手术刀可用于从基因组中切除基因，继续培养胚胎就可以看到敲除该基因的效果。其他更复杂的实验还有替换或编辑基因序列等。

这项技术为帕特尔带来了一个灵感：如果可以编辑钩虾的基因，使一个体节中的基因活性效仿另一个体节，那会发生什么？附肢和身体结构的位置能够改变吗？

钩虾全身都长有附肢，而且每个体节都有各自不同的附肢。头部的前段具有触角，其后的体节长有一块颚（我们将无脊椎动物的颚称为附肢，因为它们与其他附肢一样从体节上长出来）。胸部有较大的附肢，有些附肢朝前，有些附肢朝后。腹部也有微小的附肢，前侧的密生刚毛，后侧的则较为短粗。

钩虾身体中轴发育过程中，共有6个同源异形基因被激活。与果蝇一样，通过识别发育过程中附肢的形态和所激活的基因，可以识别其所在的不同体节。如果可以改变体节中基因的表达模式，例如，使胸节内的腹部基因激活，那么会有什么结果呢？会改变该体节上所长出的附肢类型吗？帕特尔使用他的伯克利同事开发的基因编辑技术，一个接一个地关闭了钩虾的基因。

帕特尔实验的优雅之处体现在细节上。有三个同源异形基因，分别称为Ubx、abd-A和Abd-B，在发育过程中于钩虾后端体节中被激活。在钩虾体内，这些基因有4个活动区域：一个朝向头部，只表达Ubx基因；紧随其后是Ubx和abd-A都表达的区域，然后是abd-A和Abd-B都表达的区域，最后一个区域只表达Abd-B基因。你可以将这些基因的活性特征看作相应体节的坐标信息。事实证明，基因表达的模式与所形成的附肢种类是相对应的。在只表达Ubx基因的地方，向后的附肢发育了；同时表达Ubx和abd-A基因的体节产生了朝前的附肢，同时表达abd-A 和Abd-B基因的体节区域长出了密布刚毛的附肢，而只表达Abd-B的体节区域则长出了短粗的附肢。

帕特尔的计划是通过删除基因，改变不同体节的基因坐标。那么当改变体节中所表达的基因时，会发生什么呢？

当帕特尔删除abd-A基因时，原来有Ubx和abd-A基因坐标的体节现在只有一个Ubx基因坐标，而原来有abd-A和Abd-B基因坐标的体节现在只有一个Abd-B基因坐标。随着基因坐标发生

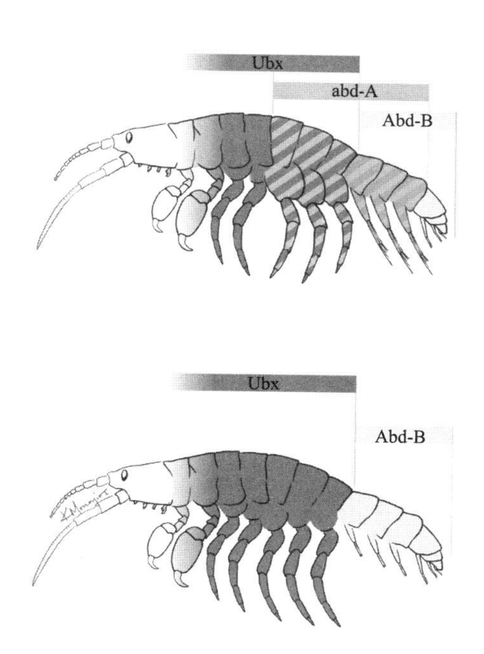

图 4–6　基因表达的正常模式（顶部，阴影区域）。删除基因可以改变体节中基因表达的模式，从而改变其上附肢的形态

改变，帕特尔得到了一个美丽的实验怪物：原本朝前的附肢现在全部朝后，而原本长有刚毛的附肢则变成了粗短附肢。改变体节中表达的基因，就改变了在相应体节中形成的附肢。

帕特尔发现，他可以随意改变体节的遗传坐标信息，从而让附肢在身体上随意生长。通过这种方式，他不仅创造了怪物，还模仿了自然界中生物多样性的出现。

我们可以将端足目与其近亲等足目动物进行比较。大多数人都是从最常见的鼠妇认识等足目动物的。正如它们的名字（来自希腊语，意为“相同的腿”）所暗示的那样，与端足目同时具有朝向前后的足不同，等足目动物仅具有朝向前方的足。当帕特尔剔除端足目动物中的abd-A基因时，他造出了长得像等足目的生物：它们只有向前的附肢。实际上，他也确实复制了自然演化的过程：等足目动物的正常发育过程中确实缺失abd-A基因。

这些基因的变化解释了像龙虾和蜈蚣这类物种之间的巨大差异。在发育龙虾大钳子的地方表达的基因组合，与发育足部的基因组合不同。在蜈蚣这样的生物中，每个体节都长有相同的附肢，每个体节中都表达了相似的基因。在昆虫、蠕虫和果蝇中，这些基因形成了通往身体（躯体）的路线图。

内部的怪物

钩虾、龙虾和果蝇只是故事的开始。青蛙、小鼠和人类也有此类基因。这些基因在人类和其他哺乳动物中有不同的名称，被称为Hox基因，后跟一个数字，例如Hox1、Hox2等，而不是诸如abd-A、abd-B之类的名称。另外，果蝇、蠕虫和昆虫只在一条染色体上有一个这样的基因串，而我们在4条不同的染色体上有4组这样的基因串。

这些基因沿着小鼠和人类的体轴表达。就像果蝇和钩虾一样，不同体节中表达的基因不同。我们的体节并不发育翅膀或朝向不同方向的足，而是具有椎骨和肋骨等结构。尽管存在这些差异，但问题仍然是：我们的发育过程是否与钩虾和果蝇类似？如果在发育过程中改变基因的活性，是否能够创造出不同数量的肋骨和椎骨？

哺乳动物的椎骨数量相对恒定：7根颈椎，12根胸椎（每个胸椎上长有一对肋骨），然后是5根腰椎，最后是荐椎和尾巴（在人类中保留为一组小型融合椎骨，称为尾骨）。

与果蝇和钩虾一样，我们不同的体节具有不同基因表达的坐标。例如，我们的颈部会表达一种类似果蝇双胸基因的基因组合，胸部位置则表达另一种基因组合。同样地，胸椎和腰椎区域之间以及腰椎和荐椎之间的不同，都是不同的基因组合表达的结果。

当一个遗传坐标变成另一个遗传坐标时，会发生什么？在小鼠中制造突变体要比在果蝇或钩虾中困难得多，可能要花几年的时间，主要是因为小鼠的世代时间比果蝇和钩虾更长，并且涉及更多的基因突变。但结果仍然值得期待。

以腰椎和荐椎为例。发育腰椎的区域表达了被称为Hox10的基因。紧随其后的是发育荐椎的区域，该区域表达Hox10和Hox11这两种基因。在剔除了Hox11基因的突变体中，原本形成荐椎的区域表达了腰椎区域的基因。那么体节上有什么表现？最终结果是小鼠的全部荐椎都长成了腰椎的样子。

进一步的实验表明，这一模式可以在不同的基因和身体部位重复。胸椎上长有肋骨。通过基因敲除，可以让整个脊柱的后部都表达胸椎的基因。结果就是，突变体小鼠的肋骨一直延伸到尾巴。就像帕特尔对钩虾所做的那样，修改基因会改变体节以及内部器官的发育。

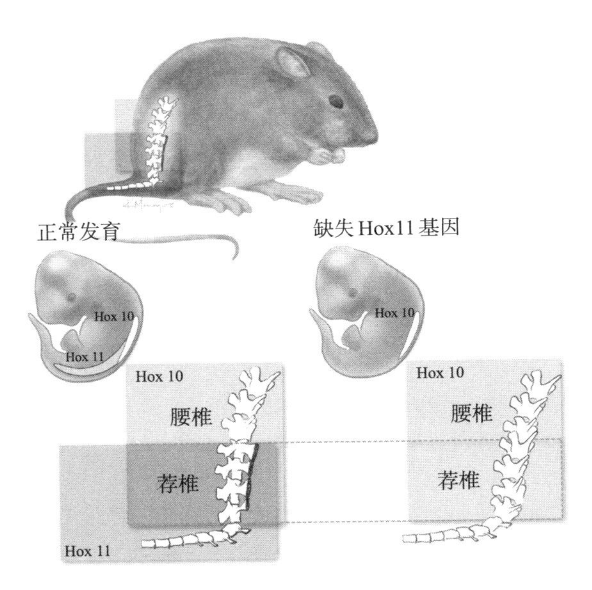

图 4–7　改变Hox基因活性能够可预测地将荐椎变成腰椎

重复使用、循环利用和改换用途

随着刘易斯发现的基因在不同物种中的普遍性被揭示出来，人们重新审视了长久以来被遗忘的一些19世纪的隐秘专著。在20世纪90年代初期，诸如威廉·贝特森等古典博物学家的观察和思想成为前沿实验的素材。贝特森观察到，某些最常见的变化需要改变身体部位的数量或使身体结构出现在奇怪的地方。卡尔文·布里奇斯、爱德华·刘易斯和后来的分子生物学家都遵循着将近一个世纪前确立的路线。就像在19世纪一样，怪物和突变体——无论是在实验室中制作的还是在野外发现的，是一切研究的中心。

尽管我的科研训练是在化石、博物馆藏品和野外探险中进行的，但有一件事的出现使我急于尽快掌握分子生物学。

当世界各地的研究人员团队探索小鼠中Hox基因的活性时，他们发现了一些完全出乎意料的事情。小鼠的Hox基因不仅控制着身体中轴的椎骨和肋骨的形成，还在胚胎不同器官的发育中表达——从头部和四肢到肠道和生殖器。这些基因仿佛在体内进行了重新部署，参与到所有具有单独体节的器官发育过程中。这种基因表达的模式指向一种生物学的剪切和粘贴：用于形成人体中轴的遗传过程被重新部署，用来建造其他身体结构。

20世纪90年代初期的许多实验表明，这些基因在四肢中与在体轴上的表达非常相似。它们在不同的发育阶段表达，似乎为四肢的不同部位提供了相应的遗传坐标。从青蛙的腿到鲸的鳍状肢，所有四肢都具有相似的骨骼模式：基部有一根肱骨，然后从肘部伸出两块骨头（桡骨和尺骨），最后是腕骨和指部的骨骼。尽管用来飞翔的翅膀、用来游泳的鳍状肢和用来弹钢琴的手指，在骨骼的形状和数量上可能有所不同，但这种“一块骨骼—两块骨骼—小块骨骼—指骨”的模式始终存在。这是一个宏大的解剖学主题、一种古老的模式，是各种具有四肢骨骼的脊椎动物的共同基础。

况且，这三个解剖区域（上臂、前臂和手部）对应着三个不同Hox基因表达的区域。每个区域对应不同的基因表达位置，就像在果蝇、钩虾或小鼠的体内一样。

现在研究人员可能会问：当改变肢体不同部位的基因表达模式时会发生什么？我们在钩虾和小鼠的体轴中看到，改变身体不同部位的基因表达模式可能会对其中发育的器官产生可预测的影响。

在20世纪90年代，与帕特尔在钩虾中进行的实验一样，一个法国科学家团队通过剔除小鼠中的Hox基因制造突变体。他们剔除在小鼠尾巴表达的Hox基因时，制造出了一只缺少尾巴的突变小鼠。他们对肢体进行了相同的实验，发现控制尾巴发育的同一个Hox基因在肢体中也有表达，从而定义了肢体的最末端部分（手或脚）。当这个法国研究团队剔除了这些在肢体中表达的基因时，他们制造出了一群肢体只有“一块骨骼—两块骨骼”模式的老鼠。结果表明，缺失该基因的小鼠没有手（或脚）。

我的职业生涯的大部分时间都在研究鱼鳍如何演化成手和脚。我和同事们花了6年的时间研究化石记录，希望找到一条有手臂和腕部骨骼的鱼的标本。然而，突然间我们有了证据显示制造双手所必需的基因。

这一结果使得我在自己的研究中走出了一条新路。我意识到，除了收集化石，我还需要有能力进行基因实验。这一技能使我能够提出新的问题：鱼类也拥有这些基因吗？如果是这样，它们在鱼鳍中的作用是什么？这些手部基因可以帮助解释鱼鳍如何转变成肢体吗？

我们在市场上、潜水时或水族馆中看到的鱼类都没有手指和脚趾；鱼鳍主要由一大束鳍条组成，鳍条中间有蹼连接。鳍条的骨骼不同于指部的骨骼，指骨最先形成于软骨前体，而鳍条直接在皮肤下形成。从化石记录中我们可以知道，从鳍到肢体的过渡涉及两个大的变化：指骨的获得和鳍条的消失。

由于法国研究小组揭示了形成小鼠肢体所必需的基因，你可能会认为这些基因是具有肢体的脊椎动物所特有的。但并非如此，鱼类也有这些基因。那么，形成肢体的基因在鱼鳍中的作用是什么呢？

在我位于芝加哥的实验室里，两位年轻的生物学家花了4年的时间研究这个问题。首先，中村哲也致力于在鱼鳍中重复哺乳动物的基因实验。他小心翼翼地剔除了这些基因，但是缺少这些基因的动物不容易长大。要知道，这些基因在椎骨发育过程中也很重要，因此突变的个体很难正常游动。用3年时间制造突变鱼并帮助它们繁衍之后，中村发现了一些了不起的东西：当把这些基因从基因组中剔除后，突变的鱼失去了鳍条。

我在1983年第一次遇到上面提到的两位年轻生物学家中的第二位。当时，我的解剖学教授李 · 格尔克带着他刚出生不久的儿子一起参加讲座。那时候我还不知道，20年后，这个婴儿安德鲁 · 格尔克最终将在我的实验室里获得博士学位。像中村一样，格尔克非常勤奋，常常在实验室工作到凌晨3点。加拿大一个实验室的工作表明，当标记小鼠的手部基因并追踪它们的发育时，你会发现最终几乎所有表达了这些基因的细胞都存在于腕部和指部。这没什么好奇怪的，令人惊讶的是鱼鳍。一个深夜，格尔克在鱼鳍中发现了这些基因的表达，并拍下了照片。这些照片登上了《纽约时报》的头版，原因很简单，因为它讲述了一个宏大的故事。构成老鼠和人的手部所必需的基因不仅存在于鱼类中，还负责控制鱼鳍末端的骨骼（鳍条）形成。

在各个层面上，鱼鳍转变成肢体都是改换用途的体现：控制肢体形成的基因在鱼类中也存在，并控制鱼鳍末端的发育；同样基因的其他版本控制果蝇等其他动物的肢体末端形成。生命的伟大变革不一定涉及新基因、器官或生活方式的全面创新，以新的方式利用古老特征为后代打开了一个广阔的新世界。

修改、重新部署或借用古老基因为演化变革提供了动力。无须从头开始制造新的遗传配方，即可在体内制造新器官。生物只需从货架上直接取出现有的基因及其组合并进行修饰，就可以造出非常新颖的结构。用旧的东西来创造新的东西，这种行为存在于生命史的各个层面，甚至延伸到了新基因自身的出现。

第

5

章

模仿者

17—18世纪，动物尸体与远征探险一样令人敬畏。人类的基本解剖特征尚且成谜，更不用说从地球偏远地区采集来的各种生物了。就像山峰、河流和其他地理构造一样，人体的某些部位经常以它们的发现者命名。这些器官的名字将我们与数百位伟大的历史名人联系在一起，这些伟人首次探索了人体的结构。心脏中有一个巴克曼氏束（即心耳间横肌束），即一束能够产生和传导冲动的心肌细胞；眼睛中有齐恩氏环形肌腱（总腱环），即视神经周围的纤维环。谁又能忘记亨利氏移动软组织，这听起来像是一个幽默的笑话，而不是前臂外侧肌肉的名字。

创造这些名字的发现者不仅仅是以自己的名字为身体的不同部位命名，他们还看到了自然界中深层的模式。人体中有两个以法国医生费利克斯·维克·达济尔（1748—1794）命名的结构：维克达济尔氏带和维克达济尔氏束，两者都在大脑中。尽管达济尔是现代神经解剖学和比较解剖学的创始人，但他在科学史上未受重视。维克·达济尔是最早比较不同动物解剖结构的人之一，他还希望能够解释为什么身体结构看起来如此。

维克·达济尔不仅比较了不同物种之间的相似解剖结构，还试图寻找生物体内的组织构造模式。在解剖人类四肢时，他发现前肢和后肢实际上是彼此的复制品。手臂和腿部的骨骼遵循相似的排列方式：一块骨骼—两块骨骼—多块骨骼—手指/脚趾。他将比较范围进一步扩大，发现手臂和腿部的肌肉也遵循相似的模式，几乎就像一系列器官的复制。

大约70年后，英国解剖学家理查德·欧文爵士（1804—1892）将维克·达济尔的观点扩展到了整个身体和所有动物骨骼。肋骨、椎骨和四肢骨骼似乎是彼此稍加修改的复制品，总体相似，但形状、大小和在身体中的位置存在细微的差异。欧文对这个概念印象深刻，以至于他提出：从鱼到人，所有有骨骼生物的原型都是一种简单的生物，块状的椎骨和肋骨在它体内从头分布到尾。

维克·达济尔和欧文不仅发现了身体的基本模式，还揭示了一个有关所有生物学的事实，一个有关DNA的重要事实。

基因重复

18—19世纪细致的解剖学研究是摩尔根果蝇实验室中艰辛工作的序幕。1913年，摩尔根的一个学生科比·泰斯发现了一只双眼极其细小的雄性果蝇。这种突变体很罕见，数百个正常子代中才有一例。泰斯在实验室中饲养果蝇，并花了几个月寻找雄性和雌性的突变体，最终得以繁殖出更多的突变个体。

1936年，卡尔文·布里奇斯去世的前两年，他决定采用新的超精细技术研究果蝇小眼突变体的遗传物质。该技术非常适合布里奇斯运用他的精准操作技能。首先，他从果蝇的唾液腺中取出了一小块细胞，进行加热并放在载玻片上；然后他将它们置于高倍显微镜下观察细胞内部。正确执行此操作可使细胞内的染色体可见。布里奇斯不了解DNA，但他知道染色体包含基因。

动植物的染色体在数量、形状和大小方面有许多差别。正如我们在果蝇的双胸基因中所看到的，当使用布里奇斯的技术制备染色体时，它们看起来呈条带状，有深色和浅色条纹，有些宽，有些窄，乍一看似乎是随机变化的。条纹的模式是关键，摩尔根和他的团队利用这些条纹帮助鉴定基因的位置。回想一下，基因是DNA片段，而DNA自身卷曲盘绕成染色体。基因在染色体上的位置可以通过它们在暗带和亮带中的位置来确定。局部条纹模式的变化可以揭示基因突变。现在我们知道，这些条带就像是GPS（全球定位系统）卫星覆盖范围较差的地区；他们给出了突变体出现遗传缺陷的区域，但没有给出精确的位置。

布里奇斯制备了具有小眼突变的果蝇染色体，将其条纹的图案与正常果蝇的进行比较。他发现，除了一个区域之外，其余条纹图案均相同。这个小眼突变体有一条超长的染色体，有一整段亮带和暗带似乎是它邻近条带的重复。布里奇斯深信，这反映了一个基因组片段的整体重复，因此做了详细记录，并推测某种异常的基因重复是果蝇小眼变异和染色体加长的原因。

当维克·达济尔、欧文以及他们同时代的人已经认识到躯体由重复的部分构成时，卡尔文·布里奇斯开始在基因组中看到重复。基因重复的观点开始萌芽。

基因的乐曲

史蒂夫·乔布斯曾经说过："毕加索有句名言：'好的艺术家抄袭，伟大的艺术家窃取'，而我们（苹果公司）从未对窃取伟大的想法感到羞耻。"对艺术和技术有效的方法对基因也同样有效。当可以复制甚至窃取时，为什么要从头开始构建呢？

在乔布斯说出这些话的几十年之前，一名安安静静独自工作的研究人员正在将它们应用于遗传学。身处美国加州希望之城癌症研究中心的大野乾（1928—2000），正致力于将蛋白质结构转化为音乐会上的小提琴和钢琴音乐作品。他知道蛋白质由氨基酸链组成，而每个分子都可以用作音符。他对音乐产生了深刻的，几乎是神秘的共鸣。在他听来，由恶性致癌蛋白质制成的配乐像肖邦的葬礼进行曲，而由帮助身体加工糖类的蛋白质序列得出的音乐则仿佛摇篮曲。大野乾在基因和蛋白质中发现的不仅是挽歌与旋律，还提出了生物发明的新观点。

大野的父亲是日本驻朝鲜教育大臣，很幸运的是他在很小的时候就接受了良好的教育。根据他的个人说法，他一生的事业都源于童年时代对马的热爱。周末骑马时，他认为"当马不行的时候，你是无能为力的"。对大野而言，了解不同马匹的关键在于了解使它们更快或更慢、更强或更弱、更大或更小的基因。他在日本以及后来在加州大学洛杉矶分校（UCLA）都从事遗传学研究。他熟悉摩尔根和布里奇斯的工作，并将毕生时间用于研究染色体的模式，描述生物之间的异同。

在20世纪60年代，大野使用类似于几十年前布里奇斯所使用的技术，用化学试剂对不同哺乳动物的细胞进行了染色，以揭示染色体的条带模式。然后，他给这些染色体拍照，并像剪纸娃娃一样将它们剪下来，放在桌子上。他看着眼前这些染色体的照片问道：不同物种的染色体之间有什么区别？这是一种没有什么技术含量的巧妙方法，用于展示使物种与众不同的遗传差异。

首先，大野比较了不同哺乳动物的染色体，小到鼩鼱，大到长颈鹿。他从动物园等地方获得了不同物种的细胞并查看其中的染色体，他的第一个发现是不同物种的染色体总数可以有很大的不同，少到潜田鼠的17条染色体，多到黑犀牛的84条染色体。

然后，大野做了一些简单、优雅却影响重大的工作。他称量了每种物种的染色体剪纸的重量。他推测剪纸的重量可以代表生物细胞内部遗传物质的总量。他正在称重的是染色体图片的剪纸，而不是染色体本身，但重要的是相对重量。为了得到准确的结果，大野必须非常仔细地将图片中的染色体剪下来。当他称重田鼠的17条染色体的剪纸和黑犀牛的84条染色体的剪纸时，发现每个物种的染色体剪纸总重量是相同的。实际上，从大象到鼩鼱，所有不同哺乳动物的染色体剪纸的重量都相同。大野因此得出结论，剪纸的重量相同，表明不同哺乳动物的染色体重量也相同。尽管不同物种的染色体条数差异很大，但这种相似性仍然成立。

大野将这种比较拓展到了其他生物：不同的两栖动物和鱼类是否也具有相同重量的遗传物质？不同的蝾螈看起来都差不多，大野认为它们的遗传物质应该是相同的。剪下染色体图像的纸板并称重给他带来了一个巨大的惊喜：尽管不同蝾螈在形态上不同，而在解剖学上相似，但它们细胞中的DNA数量可能相差很大，某些蝾螈的DNA数量可以是其他物种的5~10倍。青蛙也是如此。此外，人类和其他哺乳动物的遗传物质量在这两种两栖动物面前相形见绌，一些蝾螈和青蛙的遗传物质比人类多25倍。

大野用他的剪纸板发现的这些信息，在几十年后将得到耗费数十亿美元的基因组计划证实。动物的复杂性和物种之间的差异并不对应于细胞中遗传物质的量。尽管蝾螈总是长得很像，但一个物种的DNA可能比另一个物种多10倍，而多余的遗传物质似乎与任何解剖学上观察到的差异都不相关，因此大野推测蝾螈和其他物种的基因组中都充斥着许多无意义的DNA片段。用他的术语来说，这就是"垃圾"DNA。

大野注意到，具有最大基因组的蝾螈的染色体具有奇怪的条带模式：整条染色体似乎由许多重复的条带组成。他推测蝾螈和青蛙细胞中所有多余的DNA都是由于基因重复而产生的，好像基因组的某些部分被复制了一遍又一遍。所有"垃圾"DNA都来自一种疯狂的重复过程。大野怀疑这种疯狂的重复是生命史上重大转变中的一个主要因素。像优秀的侦探一样，他试图了解这是如何发生的，以及它暗示了什么样的演化历史。

大野知道，细胞分裂时染色体会复制，而复制过程中可能会产生错误。摩尔根的团队曾在果蝇屋中目睹细胞的分裂过程。通过显示染色体上的条带，他们得以了解细胞内染色体如何复制以及产生的错误种类。大多数动物的每个细胞都有两组染色体，分别来自两个亲本。人类有23对染色体，每对都包含一条来自母亲的染色体和一条来自父亲的染色体，共同组成了我们的46条染色体。虽然我们大多数细胞的每个染色体都有两个拷贝，但精子和卵只有一个拷贝。产生精子和卵细胞时，DNA复制引起染色体加倍，但每个精子和卵细胞仅分配到一套染色体。这一过程中可能会出现错误。染色体复制后，新的成对染色体通常可以互相交换部分DNA序列。如果交换不等价，一条染色体可能会带有额外的基因拷贝，而另一条染色体上的基因则会减少。这个过程可能会产生具有许多相同基因拷贝和更大基因组的后代，就像布里奇斯在小眼果蝇或大野乾在剪纸板中看到的那样。

另一类错误会改变整个基因组。染色体复制后，分别进入新的精子和卵细胞。如果染色体不能正确地搬到新家，那么一些精子或卵子可能会带有额外的染色体。这不是单个基因的重复，而是一整条染色体上成千上万个基因的集体重复。带有这种染色体的精子或卵子所形成的就不是具有两组染色体的正常胚胎，而是具有一条额外染色体甚至整套多余染色体的胚胎。这样的精子或卵细胞所发育成的个体就不止具有两套染色体，而是三套或者更多染色体。

单一的额外染色体可以给生物带来巨大的变化。通常，随着遗传物质的平衡改变，正常发育所必需的基因之间的精细互作被破坏了，结果可能是先天畸形。胚胎带有一条多余的21号染色体会导致唐氏综合征，该病影响整个身体，从神经系统到下巴、眼睛，甚至掌纹都会出现异常。遗传学家总结了出现染色体异常时的情况，从帕托综合征（13三体综合征，胚胎有一条多余的13号染色体）到爱德华综合征（18三体综合征，由多余的18号染色体导致）。在这些病症中，大脑、骨骼和内脏，几乎身体的每个部位都受到了影响。

拥有一条额外的染色体是一回事，拥有整套额外的染色体组则完全是另一回事。这种生物学魔术时有发生。在这种具有额外染色体组的生物体内，每个基因不是有两个正常拷贝，而是可能具有3个、4个甚至16个拷贝或者更多。我们每顿饭几乎都会吃到具有额外染色体组的生物。香蕉和西瓜有3套染色体；土豆、韭菜和花生有4套染色体；草莓则有多达8套染色体。植物育种学家很早就意识到，通过在培育过程中将植物基因组整套加倍，有时可以得到拥有额外的染色体组的后代，并且这些后代会更加强壮或更加鲜美。没人知道原因，有些人认为多余的遗传物质被用于新的功能，加强了生长和代谢。

这种染色体的增强现象在自然界中经常发生。当具有额外染色体组的精子使卵细胞受精时，胚胎就可以存活，甚至变得更健壮。这个新的个体与它的伙伴不同。有时，它的基因组与父母或同胞的基因组差异如此之大，以至于它只能与同样具有额外染色体组的个体进行繁殖。它们是一种有希望的怪物，通过改变精子和卵细胞的染色体分配产生遗传突变。世界上有60万种显花植物，其中1/2以上有多套染色体组，这些物种是由精子和卵细胞产生过程中的一次简单转变形成的。

但这种在植物中常见的情况，在动物中很少见。这样的突变体在哺乳动物、鸟类或爬行动物中很少能生存。通常在爬行动物、两栖动物和鱼类中有较多的多倍体物种。①有些蜥蜴在出生时带有多套染色体。这种个体能够长大，外形看上去也正常，但通常不育。具有多套染色体的青蛙和鱼类则可以正常繁殖。

当大野乾剪下纸板时，他知道细胞中的简单错误可能会使染色体（部分染色体甚至整套染色体组）翻倍。因此，在他的想象中这是一个副本和副本的副本组成的世界。在他看来，重复是生物发明的种子。

蝾螈和青蛙的染色体剪纸激发了人们对生命史中遗传发明的新见解。一个普遍的观点是，自然选择演化的动力是基因的微小变化。大野假设，如果演化改变的引擎是基因重复，那又如何呢？发明将为新用途做好现成的准备。如果一个基因被重复，那么原来只有一个基因，现在有了两个基因。这种冗余意味着一个基因可以保持不变以维持原有功能，而另一个基因拷贝可以发生改变并获得新的功能。新的基因可以飞速产生，对生产者来说几乎不用付出任何代价。

---

① 前后两句都有爬行动物。爬行动物中呈多倍体存在，且可行孤雌生殖。多倍体在哺乳动物和鸟类中会致死，因此少见。——译者注

重复可以为基因组各个水平的变化奠定基础。有用的零件已经准备就绪，可以朝着新的方向做出改变——使用旧的零件来制造新的零件。

当大野完成染色体剪纸时，人们也获取了各种蛋白质的序列。它们只证实了基因组中重复的程度。到处都是重复：整个基因组可以重复，单个基因也可以重复，就连蛋白质的某些部分似乎在内部也有重复的序列。对大野而言，这些重复的蛋白质造就了特殊的音乐。大野和他的妻子绿子（一名歌手）经常受邀在社交活动中表演一些重复分子的音乐。

拷贝无处不在

无论从哪个层次上来看，基因组都很像乐谱，其中相同的乐句以不同的方式重复，产生截然不同的乐曲。实际上，如果大自然是作曲家，那么她将是历史上最大的侵权犯——从部分DNA片段到整个基因和蛋白质在内的所有东西，都是其他东西的拷贝进行修改后的结果。观察基因组中的拷贝就像戴上了一副新眼镜：整个世界看起来都不一样了。一旦在基因组中看到重复，就会发现它们无处不在。新的遗传物质看起来像是旧基因的拷贝，但已改换了新的用途。演化的创造力更像是模仿者，重复并修改了古老的DNA、蛋白质，甚至是构建器官的蓝图，而这一过程已经进行了数十亿年。

第一批研究蛋白质序列的人，包括扎克坎德和鲍林等，都遇到了重复现象。血红蛋白（一种在血液中运输氧气的蛋白质）有多种存在形式，对应不同的生命状态。胎儿的需求与成人的需求不同。在子宫中，氧气来自母亲的血液，而成年人的氧气则来自肺部。这些生命阶段具有不同的血红蛋白，但这些蛋白实为彼此的拷贝。

这些蛋白质中不同的氨基酸序列似乎是同一序列的不同版本，这种例子可以在每个组织和器官中找到，例如皮肤、血液、眼睛和鼻子等。

角蛋白是我们的指甲、皮肤和头发中的一种蛋白质，贡献了这些组织独有的物理特性。每个组织内部都有不同种类的角蛋白，有些柔韧，有些坚硬。角蛋白基因家族源自单个古老的角蛋白基因，经过重复以后，形成了每种组织特有的角蛋白。

色觉是通过一种叫作视蛋白的蛋白质产生的。人能够看到各种各样的颜色，是因为我们有三种视蛋白，每种视蛋白都针对不同波长的光线：红色、绿色和蓝色。这些视蛋白经历了从一种蛋白到完整的一套三种视蛋白的重复，在此过程中视觉敏感度也得到了提升。

帮助我们产生嗅觉的分子也具有类似的模式。动物能够感知到的气味种类在很大程度上取决于其嗅觉受体基因的数量。人类大约有500个，完全无法与狗和大鼠相比。狗和大鼠分别有1 000和1 500个，而鱼大约有150个。视觉、嗅觉、呼吸以及动物所能做的几乎所有其他事情都依赖基因的重复。几乎每种动物体内的蛋白质都是古老蛋白质的改良复制品，被应用于新的功能。

正如刘易斯和其他追随者所看到的那样，构建身体的基因通常都是修改过的彼此的拷贝。刘易斯发现的基因、果蝇的双胸基因和小鼠的Hox基因都是拷贝。对构建身体来说非常重要的Hox基因是一个巨大的基因家族，然而随着时间推移，这个基因家族只是在基因数量上有所增加。像小鼠一样，人类有39个同源基因拷贝，而果蝇只有8个。其他参与构建身体的主要基因也是如此。Pax基因家族在眼睛、耳朵、脊髓和内脏器官的形成过程中发挥重要作用，其中有9个基因拷贝。Pax 6参与眼睛发育，Pax 4参与胰腺发育。缺少这些基因的胚胎也缺失相应的器官。它们的祖先基因是一个单一的Pax基因，该基因通过重复得到了若干拷贝，不同拷贝在不同的组织和器官中获得新的功能。

我们现在知道，基因组中的基因是基因家族的一部分，这些家族充满了拷贝，而不同拷贝共享关键序列。一个基因家族可以包含几个基因，也可能多达成千上万个基因，其中每个基因具有不同的功能。这些都涉及演化过程中的重要过程。

如大野所见，基因重复可以成为发明的途径。我在芝加哥的同事龙漫远教授通过研究果蝇，估计不同物种中新基因的产生方式。龙教授利用不同蝇类的基因组序列，发现这些物种之间有500多个不同的新基因，约占整个基因组的4%。尽管其中一些来自我们尚不了解的过程，但大多数新基因都是祖先基因的拷贝。基因可以重复的话，为什么要从头开始发明呢？

基因重复还可以变得个性化。

大脑

人类的一个标志性特征是我们的大脑明显大于其他灵长类动物。显然，了解这一特征起源的遗传基础将告诉我们思考、交谈等许多人类独有能力的起源。从化石记录来看，我们的大脑容量是我们300万年前的祖先南方古猿的三倍。大脑特定区域增大了，尤其是与思考、计划和学习能力相关的前脑皮质区域。

化石记录表明，大脑的扩张还与其他变化有关，最明显的是我们祖先制造和使用的各种工具具有新的复杂性。现在出现了基因组技术，为我们开启了一个新的任务：了解使我们成为人类的基因。

有一种方法是比较人类和黑猩猩的基因组，最终将获得一组人类拥有但黑猩猩没有的基因。虽然这份基因清单将提供很多信息，但它并不能告诉我们哪些基因对于人脑的起源来说很重要。这些基因差异可能与任何人类和其他灵长类动物不同的特征有关，又或者根本与任何特征无关。

解决这个问题的方法听起来像是来自科幻小说——在体外培育大脑，就连这类器官的名字都很有科幻感。具体方法是从发育中的动物身上提取脑细胞，将它们放在培养皿中，看看在什么条件下可以形成大脑结构。在体外研究组织要比在胚胎中容易得多，对哺乳动物来说尤其如此：哺乳动物的大部分胚胎发育过程在子宫中进行，难以直接观察到。

加利福尼亚的一个团队比较了人类和恒河猴的大脑类器官，

并列出了所有差异。在培养皿中，人脑类器官形成了人类独有的皮质区域，而猴脑类器官则没有。研究人员研究了这种组织形成时激活的基因。有一个基因在所有人类细胞中都有表达，但在猴脑组织中则没有。尽管这个基因的名称NOTCH2NL十分拗口，但它与人类演化的故事关系密切。

同时，6 000英里外的一个荷兰实验室难得地获取了人类胎儿的脑组织——来源是自然流产和医学上必要的人工流产。这种组织非常独特，来自大脑形成阶段的胚胎。研究人员分析了该大脑组织中表达的基因，发现了少数与大脑形成相关的基因——它们在适当的时间表达，并正在积极地制造蛋白质。其中之一就是NOTCH2NL基因，这也是在体外培养实验中鉴定出的基因。

当荷兰团队拿到人类的NOTCH2NL基因并将其插入小鼠的基因组中时，这项研究的科幻性越发增强了。他们制造了一个人鼠嵌合体，该小鼠大脑皮层长出了更多的脑细胞，就像人一样。

然后，加利福尼亚团队比较了人类、尼安德特人和灵长类动物的基因组。他们发现，NOTCH2NL基因是人脑中发挥作用的三个基因之一，它们都与单个NOTCH基因相似。NOTCH基因存在于从果蝇到灵长类动物的所有生物中，并参与许多不同器官的发育。人脑独有的这三个基因是如何产生的呢？是通过重复来自灵长类祖先的NOTCH基因。重复之后，这些基因拷贝获得了新的功能。

基因重复不仅有助于解释过去，也是现在需要考虑的重要因素。三个NOTCH基因重复序列在人类基因组中首尾相连。这种结构导致该区域不稳定，在细胞分裂过程中基因复制时容易断裂，而断裂区域的染色体可能受损。这些变化会影响基因和大脑的功能。当细胞分裂时，该区域可能被复制或删除。拥有基因重复的人长大后会有更大的大脑，而基因被删除的人的大脑则会缩小。尽管有些具有此类遗传变化的人的大脑功能正常，但大多数人都表现出精神分裂症和孤独症（自闭症）的症状。

显然，NOTCH2NL不是制造大脑所需的唯一基因。但是正如这项工作所显示的，我们的基因组充满了重复基因、基因家族和其他种类的拷贝，这些重复可以为发明和转化提供动力。

疯狂重复

罗伊·布里顿的血液中流淌着科学。他生于1912年，父母分别从事不同科学领域的研究。后来他进入物理学领域，并在第二次世界大战期间加入了曼哈顿计划。年复一年，随着他的和平主义意识逐渐增强，他开始渴望一份新的工作。最终，他在华盛顿特区的一个地球物理实验室找到了一个职位。1953年DNA结构被发现之后，他一直在寻找新的研究方向。后来，布里顿在纽约州的冷泉港实验室参加了关于病毒的短期课程培训。有了这些知识，并将DNA视为一个新的前沿领域，他开始研究DNA结构。

布里顿面临的问题包括基因组中的基因数量以及它们的组织方式。这时候，基因组测序工作尚未开展，基因的组织结构基本上是一个谜团。在没有基因测序仪的情况下，布里顿和之前的大野乾一样，不得不开发一些聪明的实验技巧。

跟随大野的脚步，布里顿预感基因组由重复的部分组成。他设计了一个巧妙的实验来估算基因组中拷贝的数量。他从生物细胞中提取DNA，然后进行加热，使DNA链断裂成数千个较小的碎片。通过改变条件，他让DNA碎片重新聚集到一起，诀窍是测量不同部分重新组合成一条单链的速度。他推测，DNA碎片重组的速度将指示基因组中重复拷贝的数量。为什么呢？由于DNA分子的化学性质，“相似相吸”更容易发生。重复部分多的基因组（内部相似性更高）将比重复部分少的基因组更快地聚集恢复。

首先，布里顿按照这种方法计算了小牛和鲑鱼的DNA，然后他将比较范围扩大到了其他物种。尽管他已经预计到将在基因组中找到很多重复的片段，但最终结果依然令他感到震惊。根据他的估计，小牛基因组中有大约40%由重复序列组成，而在鲑鱼中这一数字接近50%。每个基因组中重复的绝对数量，与其在不同物种中的普遍程度一样令人惊讶。几乎每个被他分解又重新组装的动物的DNA内都有大量重复单元。利用当时可用的原始技术，他估计某些重复单元在基因组中的拷贝数量超过100万。

基因组计划的出现意味着我们可以看到在基因组中重复的特定序列，并为布里奇斯、大野和布里顿的早期研究提供更好的分辨率。在所有灵长类动物的DNA中都存在一个被称为ALU基因的片段，长约300个碱基。人类基因组中有13%完全由ALU

重复序列组成。另一个短片段LINE1在人类基因组中重复了数十万次，占基因组的17%。总之，我们整个基因组的2/3是由重复序列组成的，这些序列的功能目前还不清楚。基因组中的重复已达到疯狂的程度。

罗伊·布里顿90多岁时还在发表论文，直到2012年因胰腺癌去世。去世的前一年，他在《美国国家科学院院刊》上发表了一篇关于新发现的论文，其标题《几乎所有人类基因都是通过重复产生的》将使大野微笑。

跳跃的基因

芭芭拉·麦克林托克（1902—1992）本想跟随摩尔根的脚步，了解遗传学的基本知识。遗憾的是，在麦克林托克进入康奈尔大学时，遗传学专业不招收女生，因此她加入了经批准的“女士专业”——园艺学。但是，麦克林托克没有轻言放弃，终于笑到了最后。她最终加入了一个团队，该团队在研究玉米遗传学方面开辟了新天地。

作为研究对象，玉米与果蝇相比具有明显的优势。一个玉米穗上可以有多达1 200个玉米粒。麦克林托克知道，它们是遗传学研究的理想之选，因为每个玉米粒都是一个单独的胚胎、一个独立的个体。下次吃玉米时，想象一下你正在吃的是1 000多个遗传上的不同生物。对麦克林托克来说，每个玉米穗都是一个探索遗传学的苗圃。此外，玉米有很多种类，玉米粒的颜色可以是从白色变化到蓝色，再到有斑点的。在一个玉米穗上就可以完成追踪几千个个体的实验，快速、成本低廉且数据丰富。

麦克林托克开发了染色体可视化技术，像摩尔根的团队一样开始了工作。她用多种染料处理玉米，绘制出非常详细的染色体明暗条带图。然后，她很幸运地发现，玉米染色体的一个区域很容易断裂，就好像这一位置存在一些结构缺陷。她在不同的玉米粒中详细地绘制了该区域的染色体图。令她惊讶的是，断裂点可以出现在基因组的不同位置，就像在基因组中不停跳跃。这一观点是遗传学史上最伟大的思想之一：基因组不是静态的。基因可以从一个地方跳到另一个地方。

麦克林托克并没有就此止步。她是一位认真细致的研究者，在找到这一发现的意义之前，并不急于把它介绍给全世界。她提出疑问：跳跃基因是否对玉米粒本身有影响？如果跳跃基因落在另一个基因的位点怎么办？

麦克林托克利用玉米粒的特殊性能找到了答案。玉米粒的发育从一个连续分裂的细胞开始，随着细胞增殖，玉米粒外部的色素也逐渐形成。如果这个起始细胞有特定的颜色（例如紫色），那么整个玉米穗上的玉米粒都将由它的子代细胞组成，所有子代细胞均为紫色。但是请想象一下，在此过程中一个细胞发生了遗传变化：紫色基因发生了一个突变。这个特定细胞的子代细胞不再是紫色，将是默认颜色的（通常是白色）。这些白色的细胞将继续分裂产生一批白色细胞。最终结果将是这个紫色玉米粒上带有一些白色斑点。

通过追踪每个玉米粒上不同颜色的斑点，麦克林托克可以了解内部基因发生突变的位置和时间。她可以查看每个玉米粒上的突变，然后在每个玉米穗的上千个玉米粒上重复这一观察。麦克林托克研究了成千上万个玉米粒，繁育出具有不同色彩斑块的玉米。她发现，色彩突变可以重复打开和关闭。在研究染色体时，就像布里奇斯和摩尔根一样，她发现当染色体断裂点区域发生跳跃并插入色素基因内部时，就会产生色彩突变。断裂点区域插入色素基因后，该基因将被破坏，不再产生色素。当断裂点从色素基因中跳出来时，基因就可以恢复正常并再次制造色素。玉米基因组中充满了这种自我复制并在基因组中跳跃的基因，从而产生了不同的色斑。

经过了数十年的工作，麦克林托克在她工作的冷泉港实验室的一次报告中介绍了跳跃基因的想法。冷静的专家们对此不屑一顾。人们不了解她，也不相信她，或者以为她的发现仅仅是关于玉米的怪事。麦克林托克描述他们的反应时说："他们以为我疯了，彻底疯了。"

这些问题被忽略了几十年。但是麦克林托克并没有惊慌，而是继续工作，在数千个玉米穗的基因中确认了跳跃基因的位置。当时她的态度是："如果你知道自己是对的，那就不会在乎别人怎么看。你知道，是金子总会发光的。"

然后在1977年，其他实验室在细菌和小鼠（实际上是他们实验过的所有生物）中也发现了跳跃基因的证据。另一个惊喜来自对基因自身的研究。我们的基因组已被跳跃基因所接管，其中约70%由跳跃基因组成。跳跃基因是常规，不是例外。我们基因组中的那些大量重复的片段，比如ALU和LINE1，以及那些疯狂重复以致有数百万个拷贝的基因呢？研究发现，这些都是跳跃基因，可以自我复制并插入基因组的任何位置。从20世纪60年代起，罗伊·布里顿就一直用他优雅又粗糙的实验研究着它们。

因为这一发现，麦克林托克于1983年获得了诺贝尔生理学或医学奖。早在1970年，理查德·尼克松总统就向她颁发了美国国家科学奖章。在颁奖典礼上，尼克松就这一科学事业发表的讲话尽管有一些混乱，但还是对她的影响表示认可："我已经阅读了（您的科学著作的说明），我想让您知道我确实没看懂。"他继续说，"但是我也想让您知道，因为我不了解它们，所以我意识到它们对这个国家的贡献是多么重要。对我来说，这就是科学的本质。"

基因组不是陈旧的静态实体，它们内部正在活跃地翻滚着。基因可以重复，整个基因组也可以重复。基因可以自我复制并在基因组中跳跃。

想象一下基因组中的两种基因：有些具有功能并能制造蛋白质，而另一些仅能跳来跳去并自我复制。随着时间推移，会发生什么？在其他条件相同的情况下，拷贝基因将占据基因组更大的部分。这是我们基因组的2/3由重复序列（例如LINE1和ALU等基因）构成的原因之一。如果没有约束，这些重复序列将占据整个基因组。阻止这些寄生虫的唯一方法是，如果它们完全失控，时间长了可能导致宿主死亡，它们自己也会死亡。携带完全不受控制的跳跃基因的个体将死亡，跳跃基因自身也将无法延续。自私的基因及其宿主关系紧张，甚至在彼此交战，因为自私的基因生存只是为了自我复制，而宿主的基因组却在努力遏制它们。

与史蒂夫·乔布斯领导下的苹果公司一样，重复是发明之母：剽窃是基因组中无数新发明的来源。与技术、商业和经济领域一样，纷乱会带来变革。动物细胞已经经历了数十亿年的战乱，而且我们将看到，这些变化带来了全新的生活方式。

第6章 我们体内的战场

20世纪80年代我读研究生的时候，在每周都要进行的一项重要日程中，种下了我研究工作的种子。每个星期四的早晨，我都会艰难地爬上5楼，前往哈佛大学比较动物学博物馆的一个大型藏区。这里全是鸟类标本，木地板嘎吱嘎吱响，天花板有20英尺高。墙壁两旁排列着橱柜和架子，上面堆满了19—20世纪探险期间收集的骨骼、羽毛和皮肤标本。空中飘散着保存标本用的樟脑气味。整个房间到处都渗透着历史的气息，从鸟类学到整个科学领域。那些与过去的联系吸引了我：我的朝圣之旅是与80岁的退休鸟类策展人厄恩斯特·迈尔的会面。

到20世纪80年代中期时，曾在20世纪中叶定义了演化生物学的那一批遗传学家、古生物学家和分类学家中，迈尔已是硕果仅存的一员。他撰写了当时的经典著作之一《动物、物种与演化》(*Animals, Species and Evolution*)。这是一部引人注目的巨著，指导了一代科学家对新物种形成的研究。

每周我都会带着一个问题去拜访这位伟人，并与他共饮一壶茶。他不仅乐于讲述演化生物学的历史，还乐于分享对观点及造就这些观点的性格特征的启发性见解。在每次拜访之前，我都会提前阅读大量文献，想出一个好的主题，为他的回忆提供素材。徜徉在他故事里的世界中，我感到非常幸运，在自己的职业生涯开始之初就能够参与这份令人惊喜的工作。

一个星期四，我带着一本书去见他。这本书是德国科学家理查德·戈尔德施米特撰写的《进化的物质基础》，于1940年首次出版。把它拿给迈尔看时，我看着他脸涨得通红，冰冷的目光似乎要刺穿我。他站起身，有好长一段时间仿佛没意识到我的存在。我好像越过了一道隐藏的界线，并且可以肯定的是，将要告别我的星期四早茶了。

迈尔静静地走向一个老旧的木制文件柜，在里面翻找着。他回来时，手里拿着一份泛黄的重印文件，是戈尔德施米特的一篇文章。他将文章拍在桌子上，说道："我写了一本书，就是为了回应这篇文章快结束时一个段落首句的废话。"按照他所说的，我翻阅论文到第96页。毫无疑问，上面的标注比原文更让人生气。

戈尔德施米特的文章发表和迈尔的愤怒之间间隔了30年。抛开观点不谈，一个句子到底是如何激发了这种盛怒，并促成了一本厚达811页的书问世，而这本书本身又启动了整个研究事业？

问题在于基因的变化如何带来生命历史中的新发明。传统观点认为，发明是随着时间推移逐渐出现的，每个步骤的基因变化都很小。大量理论和实验室工作支持了这一观点，以至于它几乎被当作公理。英国统计学家罗纳德·费舍尔爵士在20世纪20年代尝试将新兴的遗传学与达尔文的进化论联系起来时，用数学方法得出了这一结论。其中部分逻辑是，如果你希望对系统做出随机的改变，那么与小的改变相比，大的改变很可能是有害的，甚至常常是毁灭性的。

以飞机为例。我们几乎可以肯定，任何明显偏离常规的随机变化都会导致飞机无法飞行。随意改变机体的形状，引擎的位置、类型或形状，抑或机翼的配置，都可能会导致飞机坠毁。但是较小的调整（例如座椅的颜色或尺寸的微小变化）则不太可能让人害怕。的确，与大的改变相比，小的改变更有可能带来性能的提高。这种思想在演化生物学领域也拥有多年的历史，以至于挑战它无异于否认是重力让苹果从树上掉下来的。

戈尔德施米特曾是纳粹德国的难民，来美国研究突变体已有数十年。移居北美后，他无视现状，自己主动加入了遗传学领域。他对长有两个头或额外身体结构的突变体印象深刻，比如卡尔文·布里奇斯所发现的那些。戈尔德施米特认为，只需要一次巨大的突变就可以创造演化上的重大转变。这个观点的背后是戈尔德施米特最著名的言论之一，也正是让迈尔生气的那句："第一只鸟是从爬行动物的卵中孵化出来的。"这里没有逐步的变化——在他看来，生物革新只需要在一代中出现的单一突变即可实现。

戈尔德施米特的突变体被称为"充满希望的怪物"，它们之所以被叫作怪物，是因为它们与正常情况之间的差异如此之大；而充满希望，是因为它们是生命历史中整场变革的种子。在植物世界中，染色体数目的变化可以一次性产生新物种，因此这一观点在植物中并没有争议。但是，对于动物而言，情况大不相同。

戈尔德施米特的观点马上招致了激烈的反对，其中最突出的批评质疑了这个充满希望的怪物能够生存并最终繁殖的机会。首先，该突变需要使后代能够生存并具有繁殖力。在那个时候人们已经普遍知道，大多数突变体要么不育，要么在它们产生后代之前就已经死亡，更不用说重大突变了。即使一个突变体能够生存并繁殖，其命运仍然不确定。如果种群中仅存在一个突变体，并没有什么作用，因为它必须找到具有同样突变的配偶。为了让戈尔德施米特的充满希望的怪物一步步引发一场重大的演化革新，就必然有一系列不太可能的事件发生：含有重大突变的个体必须活到成年；该突变必须同时存在于两性之中；其中一些突变体可以找到同样的异性，交配繁殖并将后代抚养长大，而这些后代自己也要能繁殖。

到20世纪70年代我学习生物学的时候，戈尔德施米特作为一个敢于发表这种明显错误观点的人，他的名声仍然介于贱民和异端之间。他不仅发表了这一观点，而且似乎很享受自己异端的角色，在职业生涯的最后几十年中，他常常顶着公众的嘲笑为充满希望的怪物辩护。

迈尔、戈尔德施米特及其同代人正在辩论生命多样性的核心问题之一，即演化中的重大转变是如何发生的。尽管戈尔德施米特的充满希望的怪物令人难以置信，仍存在未解决的问题。问题并不在于逐步发生的改变。生物学家早就知道，在数百万年的地质时代，微小遗传变化的逐渐积累可以导致大规模的转变。化石记录中出现了一个更深层次的难题。以骨骼的起源为例，这是人类演化历史上最重大的事件之一。数百万年以来，蠕虫般的祖先体内一直没有骨骼。骨骼结构独特，具有高度组织化的细胞层，这些细胞制造独特的蛋白质和晶体，令骨骼坚固并调节其生长方式。骨骼的起源使我们的祖先可以长得更高，并拥有坚硬的身体来寻找猎物、避开捕食者并四处移动。骨骼这一生物发明的产生是由于一种新型细胞出现了，这种细胞可以制造用于产生骨骼、滋养骨骼并帮助骨骼生长的蛋白质。但是，各种组织（无论是皮肤、神经还是骨骼）都由能够产生数百种不同蛋白质的细胞组成。神经细胞与骨细胞不同，因为其中有许多蛋白质使它们具有传导神经冲动的能力。当然，骨骼及成骨细胞中则缺乏这些产生神经冲动的相应蛋白质。同样地，神经细胞也不能产生构成软骨、肌腱和骨骼的蛋白质。骨骼只是一个例子：近6亿年的动物生命史涉及数百种新组织的起源，从而产生了新的取食、消化、运动和繁殖的方式。

祖先中新组织和细胞的起源需要数百种基因的改变，这就是挑战。如果必须在整个基因组中同时发生多个单独的突变，那么新的细胞和组织又将如何出现呢？如果发生一次逐步突变的概率相对较小，那么可以想象，几百种突变很难一次发生——这概率相当于在赌场中的所有轮盘赌上都赢得大奖。

孕育意义

在体育馆里，你很难不注意到我芝加哥大学的同事文尼·林奇：他的胳膊和腿上满是各种各样的文身，甚至在喜欢文身的大学生中都能脱颖而出。河中蜻蜓和鱼类的风景遍布他的四肢。

文身中的河流景观是对哈德孙河生态系统的致敬，这一生态系统孕育了他幼年对科学的热爱。他在沿岸的小镇长大，对水边的生物充满了热情。记录、绘画和阅读有关不同动物的书籍将他带到了另一个世界。然而，他对生物多样性的好奇心并没有转化为学校里的好成绩。他的成绩之所以不太理想是因为，正如他所叙述的那样，他根本"没有听课"，而是醉心凝视着窗外的鸟类和昆虫。

幸运的是，一位生物学老师看了他的田园诗，然后让他坐在教室的后面，随心所欲地阅读书籍和野外指南，并随后就此提问他。这位老师的明智做法促使他从事了生物学工作，并将自己毕生精力用于探索动物多样性的起源：不仅是动物的生活、食性和运动方式，还包括它们历经几百万年从远古祖先演化而来的历史。他的专长是将高科技应用于探索这些深层次的问题。

生物学的进步既需要发现正确的问题，也需要找到合适的实验对象来探索这些问题。摩尔根在果蝇中发现了遗传学的线索，芭芭拉·麦克林托克在玉米中了解了基因的作用机制，而文尼·林奇正在蜕膜基质细胞中寻找生命史上重大转变的线索。

描述蜕膜基质细胞时，林奇睁大了眼睛。当我们第一次谈论它们时，他认为它们是“体内最美丽的细胞”之一。我承认这听起来太像书呆子的说法了，但当我真的在显微镜下看到它们时，我就同意了他的说法。大多数细胞在较高放大倍数下看起来像规则的小点，但这种细胞不是。它们有红色的大型细胞体和丰富的细胞间质，看起来很葱郁（如果这个词可以用来形容细胞）。

对于林奇来说，蜕膜基质细胞的美丽关乎美学，也蕴含着科学，它们是了解生命史上一项伟大发明（妊娠）的起源的窗口。大多数鱼类、鸟类和爬行动物，甚至是非常原始的哺乳动物，都是从卵中孵化出来的。它们不像哺乳动物那样有妊娠期，胚胎在母亲体内发育并分享母体的血液供应；它们也没有蜕膜基质细胞。

妊娠似乎自然而然地发生了，这绝对是个奇迹。精子通过子宫和输卵管，最终遇到卵细胞。然后，一个精子（在极少数情况下会有多个）进入卵细胞并引发一系列连锁反应。精子和卵细胞的基因组融合，成为一个细胞。随着时间推移，这种细胞会产生一个由数万亿个细胞组成的身体，所有细胞都各就各位。胎盘和脐带形成了，连接胚胎与母体；还有保护胎儿的子宫。为了使子宫能够容纳胎儿，必须建造一套新结构。

受精也导致了母体的一系列变化。在子宫中形成了专门的细胞，将胎儿连接到母体，使它们的血液循环互相亲近。这些细胞掩盖了一个事实，即胎儿是母亲体内的异物，具有来自父亲的基因和蛋白质。母亲的免疫系统可能会搜寻并破坏来自父亲的蛋白质，并杀死胎儿，这种风险始终存在。有一种特殊的细胞可以抑制母体免疫系统，缓冲母亲的免疫应答并将营养物质输送给胎儿。释放这种魔法的细胞就是蜕膜基质细胞。

产生这些细胞并引发子宫内许多变化的触发因素是母亲血液中孕酮激素的峰值。每月，母亲血液中的孕酮水平都会上升，而子宫为怀孕做好了准备。当孕酮接触子宫细胞时，子宫细胞就会增殖和变化，导致子宫内膜变厚。孕酮水平的升高引导一系列成纤维细胞转变为蜕膜基质细胞。如果没有怀孕，这些细胞就会脱落；如果怀孕了，卵巢就会开始分泌孕酮，子宫内膜的细胞和丰富的细胞间质会继续生长，而蜕膜基质细胞开始形成并发挥作用。

林奇对这些细胞的迷恋源自他在耶鲁大学读研究生时，在得克萨斯州参加的一次科学报告。在报告中，一位谈到妊娠的研究者展示了蜕膜基质细胞的幻灯片。林奇了解到这些细胞的特性：它们可以在培养皿中进行体外培养。研究人员发现，当从身体的任何地方取出正常的成纤维细胞放入培养皿中，并加入孕酮和其他化学物质的混合物时，就可以制造出正常的蜕膜基质细胞。当时林奇还不知道，所有这些工作都是在耶鲁大学他办公室隔壁的大楼里完成的（纯属巧合）。

很快，林奇就学会了在实验室可控环境中制造蜕膜基质细胞。现在，他可以探测它们的基因组，了解它们在几百万年前是如何出现的。他拥有一种非常强大的新技术可供自由支配，该技术利用了极其快速的基因测序仪。利用这项技术，他可以检查一个细胞或整个组织，并查看其中表达的每个基因的序列——所有这些都可以一次完成。

想一想这样的技术能做什么。如果细胞之间的差异是由每个细胞中表达的基因引起的，那么确定在不同细胞中表达的基因群就成为了解细胞独特之处的关键。回想一下，神经细胞不同于骨细胞，因为不同的基因在它们内部表达，产生不同的蛋白质。同样地，蜕膜基质细胞与成纤维细胞中表达的基因也不同。林奇可以检查一个细胞，然后与另一个细胞进行比较，来回答一些基本问题：两个细胞之间表达的基因有何不同？是一个基因的差异，还是多个基因共同作用？如果是多个基因的作用，那么是哪些基因呢？

林奇将成纤维细胞放入培养皿中，加入孕酮，将其转变为蜕膜基质细胞。然后，他研究其中表达了哪些基因，结果令人震惊。蜕膜基质细胞的起源不是由于单个或若干个基因的表达，而是数百个基因同时开启。

蜕膜基质细胞是哺乳动物所特有的，其他生物都没有这种细胞。它们的起源是妊娠本身起源的核心内容，但是问题就出在这里。如果这种单一细胞的起源涉及数百个基因的同时表达，将需要整个基因组中同时产生数百个突变，那么妊娠是怎么发生的？

为了回答这个问题，林奇需要逐一研究蜕膜基质细胞所表达的数百种基因。

然后，我们需要停下来思考一下，是什么开启了这些基因，从而将成纤维细胞转化为蜕膜基质细胞。回想一下，基因组中存在分子开关，在适当的情况下，可以开启和关闭基因。这些开关大多数都位于它们所激活的基因旁边。由于孕酮是蜕膜基质细胞形成的触发因素，因此我们可以合理地假设这些开关会对它做出响应。基因开关与识别孕酮的序列相关联。当孕酮出现时，开关打开，基因开始制造蛋白质。

这种见解为林奇提供了探究基因组所需要的线索。他可以寻找基因开关的指示特征。基因开关是一段DNA序列，具有一个可以识别孕酮的区域。这个区域将具有激素可以结合的序列。因此，如果运气好，他就可以通过与计算机数据库比对找到目标区域。

这正是他的发现。几乎所有在蜕膜基质细胞中表达的基因都有一个对孕酮有响应的开关。这项发现虽然有趣，但并没有回答任何林奇最初的问题。不知何故，在妊娠起源之时，数百种基因需要能够同时被孕酮激活。因此数百个基因开关需要在基因组中同时出现，每一个开关都位于它所负责的基因附近。这不是DNA的简单突变（就像更改代码中的单个字母一样）。林奇所面对的是整个基因组中数百个位置上的一大批突变，它们必须同时发生才能形成蜕膜基质细胞。这实在令人难以置信。

越来越多的新实验使蜕膜基质细胞起源的可能性越来越小，林奇又回到了基因开关本身的结构。也许这些基因开关的共性能够提供一些解释。他详细检查这些序列，使用一种计算机算法来分析这些基因开关的详细序列是否存在任何共同特征。他发现几乎所有基因开关中都存在同样一个简单的序列。通过与包含了所有已知序列的庞大数据库对比，他找到了答案：所有基因开关都具有跳跃基因的明显特征，即麦克林托克首先在玉米中发现的基因类型。正如我们先前所见，这些跳跃基因可以自我复制并插入基因组中的任何位置。麦克林托克曾将它们视为强大的破坏者——也就是说，当它们从原位置跳出又插入另一个基因中时，可以破坏该基因的功能并造成疾病。而林奇则发现了另外的东西。

这种简单的联系使一项复杂的、看似不可能的生物发明实现了。数百个基因不必独立突变。林奇看到，一个跳跃基因中发生了突变，将一段常规序列转变成对孕酮有响应的开关。然后，随着携带开关的跳跃基因自我复制、跳跃并插入新位置，该突变在基因组中扩散开来。跳跃基因非常迅速地将基因开关撒遍整个基因组。当它们插入一个基因旁边的序列时，该基因就可以响应孕酮而开启。通过这种方式，数百个基因获得了在妊娠期间表达的能力。涉及数百个基因协同的遗传变化，可能不是通过数百个独立突变，而是通过携带单个突变的跳跃基因在整个基因组中扩散发生的。这样，随着基因自我复制、跳跃并插入基因组的不同位置，遗传突变可以在基因组中迅速传播。

跳跃基因是极其自私的单元，它们可以自我复制并跳跃，在基因组中扩散和重复。林奇发现，跳跃基因有时会携带有用的突变，而这些突变会产生引人注目的新结构。

基因组内部发生了一场战争：跳跃基因与DNA的其余部分

之间发生了战争。在基因组中，自私的基因和努力控制它的力量之间的这种紧张关系一直存在。事实证明，DNA具有控制跳跃基因的隐藏机制。其中一种机制涉及一段短小的DNA序列，其功能像一个猎人杀手，能够通过附着在控制基因跳跃的部分，将其捆绑在蛋白质中，从而令该基因沉默，导致其无法跳跃只能留在原处。这种沉默机制可以控制跳跃基因，阻止它们影响基因组的运作，也可以用来驯化跳跃基因。如果一个跳跃基因包含一段可能有用的序列，那么猎人杀手DNA可以抑制其跳跃能力，使它留在原处发挥新的作用。也就是说，它可以使基因中负责跳跃的部分沉默，而保留有用的突变。

这就是林奇在基因开关中的发现：每个制造蜕膜基质细胞的基因开关都有一段特殊的序列，仿佛它们最初来自同一个跳跃的基因，但又与该基因存在区别：其中一小段DNA序列缺失了，而且缺失的并不是一段随意的DNA——正是能使该基因跳跃的DNA序列。好像这段代码已被黑客入侵，阻止基因跳跃并将其保留在原位，以完成制造蜕膜基质细胞的工作。弹簧被剪断后，不再跳跃的基因就在它插入的地方发挥作用。

林奇在妊娠中看到的是通向更大世界的窗口。基因组正在与自己交战：在跳跃的基因和试图遏制它们的力量之间有一场战争。这场战争的结果是生物发明，使得单个突变可以在基因组中传播，并且随时间推移带来一场重大变革。

这些转变与戈尔德施米特的“充满希望的怪物”相去甚远。革命性的突变不必一蹴而就。微小的突变可以出现在基因组中的一个位置，如果该突变与跳跃基因捆绑，突变就会逐渐扩散，并在随后的世代中不断放大。

但是，基因组内部的战争范围更加广泛。妊娠再次揭示了这些战争如何进行。

黑了黑客

在胎盘中胎儿和母亲之间的交界处，有一种蛋白质起着非常特殊的作用，这就是合胞素蛋白，其功能是作为母亲和胎儿之间交换营养物质和废物的分子“交通警察”。大量实验观察结果表明，这种蛋白质对于胚胎的健康至关重要。科学家曾培育出具有合胞素基因缺陷的小鼠，这些小鼠能够正常生长和生活，但无法繁殖。受精后，胎盘无法形成，胚胎也无法存活。如果缺乏合胞素，雌性动物就无法产生具有正常功能的胎盘，胚胎也无法获取营养。同样地，合胞素基因缺陷在人类中也会引起怀孕过程中的各种问题。罹患先兆子痫的妇女存在合胞素基因缺陷。她们的合胞素基因能够合成蛋白质，但功能不足。这在胎盘中会引发连锁反应，从而导致危险的孕期高血压。

法国的一个生物化学实验室开始通过探索合成合胞素蛋白质的DNA序列，来研究该蛋白质的结构。正如我们在林奇的研究中看到的那样，一旦对基因进行了测序，就可以在计算机上运行这段代码，将其与包含其他生物基因的数据库进行比较。这些识别方法可对整个基因或其中一小部分片段进行交叉检验，以检查其是否与已测序的其他基因有任何相似之处。在过去的几十年中，这个数据库已经囊括了数百万个蛋白质和基因的序列，涵盖从微生物到大象的所有生物。比较的结果表明，许多基因隶属于我们在第5章中看到的重复基因家族。在研究合胞素基因的工作中，研究人员正在寻找合胞素蛋白与其他蛋白的相似性，为妊娠期间合胞素基因如何发挥作用提供可能的线索。

这些工作揭示了一个难题。在数据库中进行的搜索显示，合胞素与其他任何动物体内的蛋白质均无相似之处，也不像植物或细菌中的蛋白质。计算机匹配的结果令人既惊讶又困惑：合胞素的序列很像是病毒，该序列已经在人体免疫缺陷病毒（HIV，即导致艾滋病的病毒）中被发现。为什么这样的病毒会与哺乳动物具有相似的蛋白质呢？尤其是这种在妊娠过程中如此关键的蛋白质。

研究人员需要先成为病毒专家，才能研究合胞素。病毒是隐秘的分子寄生虫，它们的基因组只含有感染和繁殖所需的基因序列。它们侵入细胞，进入细胞核，并进入基因组本身。一旦进入DNA，它们就会接管并利用宿主的基因组来进行自我复制，合成病毒蛋白质而不是宿主的蛋白质。利用这种感染机制，一个宿主细胞就可以制造出数以百万计的病毒。像HIV这样从一个细胞扩散到另一个细胞的病毒，会合成一种蛋白质使宿主细胞粘在一起。这种蛋白质将细胞聚集在一起，并为病毒在细胞之间转移形成通道。为实现这一功能，蛋白质需要锚定在细胞之间的接触界面，并控制细胞之间的物质交换。这听起来熟悉吗？当然，因为合胞素在胎盘中的作用就是这样。合胞素使胎盘中的细胞聚集在一起，并控制胎儿与母体细胞之间的物质交换。

通过进一步观察，研究小组发现合胞素本质上就是一种丧失了感染其他细胞能力的病毒蛋白。哺乳动物和病毒的蛋白质之间的相似性引出了一个全新的观点。在某个遥远的过去，曾有一种病毒侵入了我们祖先的基因组。该病毒含有一种合胞素，出于某种未知的原因，这种病毒失活了。它丧失了感染能力，不再指挥我们祖先的基因组来无限制造病毒自身，而是服务于它的新主人。我们的基因组与病毒之间存在无休止的战争。在这种情况下，通过我们尚不了解的机制，病毒负责感染能力的部分被剔除，并被用于在胎盘中合成合胞素。病毒为基因组带来了新的蛋白质基因。入侵者的基因组被策反，为宿主所用。

然后，科学家研究了不同哺乳动物中合胞素的结构，发现小鼠中的合胞素与灵长类动物中的截然不同。与数据库对比之后，他们发现不同哺乳动物中合胞素的差异是由于入侵的病毒不同。灵长类的合胞素源自一种病毒侵入所有现存灵长类的共同祖先之时；而啮齿动物和其他哺乳动物的合胞素起源于其他事件，形成了它们各自的合胞素类型。最终结果是灵长类动物、啮齿动物和其他哺乳动物具有源自不同入侵者的不同合胞素。

我们的DNA不仅继承自我们的祖先，病毒入侵者也参与其中并发挥了重要作用：我们的祖先与病毒的战斗一直是生物发明的众多来源之一。

僵尸记忆

杰森·谢泼德在新西兰和南非长大。小时候的他总是缠着母亲询问各种问题，母亲最后只得告诉他，他要成为一名科学家才能找到自己的答案。高中毕业时，他决定从事医学。为了尽快掌握技能，他加入了一个速成项目，能够在短短几年内为他提供医学和药学方面的培训。然而，在项目的第一年，他读到了奥利弗·萨克斯的经典作品——《错把妻子当帽子》，这改变了他的生活。受萨克斯启发，他中断了速成项目，开始了一项新的工作——对使我们的大脑运转的分子和细胞进行研究。正如他所说，他的追求变成了找出人之所以为人的原因。记忆及其遗失成为谢泼德的科学采石场。回忆过去的能力在很大程度上定义了我们如何学习、如何与他人联系，以及如何在这个世界上生活。这不是什么隐秘的话题。我们人类社会所面临的重大挑战之一就是神经退行性疾病。随着寿命延长，大脑的衰老日益成为生活的严重障碍。记忆力和认知功能的丧失会造成很大的情感、社会和经济损失。

谢泼德在大学四年级寻找神经生物学课程的论文题目时，看到了一篇关于Arc基因的文章，该基因似乎与记忆的形成有关。在小鼠中，随着它们进行学习，它们体内的Arc基因开始表达；大脑中不同类型的神经细胞之间的区域也表达了Arc基因。Arc基因似乎刚好满足与记忆功能相关的重要基因的要求。

又过了几年，技术发展使得研究人员能够培育出缺少Arc基因的小鼠。这种小鼠能够存活下来，但有许多缺陷。研究人员在迷宫中放置奶酪，并把这些具有Arc基因缺陷的小鼠放入迷宫。它们能够在迷宫中找到奶酪，但是第二天它们就不记得迷宫的结构了，而具有正常记忆的小鼠通常可以记得。通过一个又一个测试，小鼠揭示了记忆形成过程中的特定缺陷。现在我们已经知道，人类中Arc基因的突变与多种神经退行性疾病有关——从阿尔茨海默病到精神分裂症。

记忆和Arc基因成为谢泼德的事业重点。他加入了研究生院，与一位最早探讨Arc基因在行为中作用的生物学家一起开展研究。毕业之后，他又跟随发现了Arc基因在基因组中位置的科学家进行了博士后工作。谢泼德终于真正成为研究Arc基因的专家。

谢泼德以独立科学家的身份在犹他州立大学建立了自己的实验室。他设计了一些实验来了解Arc基因所合成的蛋白质的功能。显然，这种蛋白质参与神经细胞之间的信号传递，而该信号对于记忆和学习至关重要。谢泼德可以通过提纯蛋白质，然后分析其结构来找到问题的答案。

提纯蛋白质涉及许多步骤，需要逐步除去细胞中目标蛋白质以外的所有物质。首先将组织（在本例中为大脑）浸入化学溶液中，然后依次对其进行处理，将所需的蛋白质与所有其他蛋白质分离开。蛋白质溶液依次通过一系列试管（里面是不同的溶液或处理方式），每个试管可以排除不同的污染物。最后一步，液体将流过装有特殊凝胶的玻璃柱。凝胶去除了最终的污染物和其他蛋白质，通过凝胶后的液体中仅包含纯化的蛋白质。谢泼德按照每一个步骤操作，处理非常少量的液体。他把液体倒进了最后的玻璃柱中，但什么也没有出来。他换了一批新的凝胶，还是没有任何结果。显然，有什么东西阻塞了它。他的团队尝试使用新的柱子，但仍然发生堵塞。他们改变了液体的浓度，还是行不通。

谢泼德实验室的技术员有预感，也许Arc蛋白有一些特别之处，会导致玻璃柱堵塞。与其说是人为原因，不如说是Arc分子本身结构的一些原因。谢泼德和他的助手将堵塞的凝胶放到电子显微镜下，这样他们就可以在计算机屏幕上以超高放大倍率看到蛋白质的结构。这种结构令人惊讶，以至于谢泼德看到它时惊呼："到底是怎么回事？"

Arc蛋白形成空心球状，这些球太大，以至于它们卡在了凝胶过滤器内部的空隙中。在接受医学培训之前，他曾见过类似的情况。这种球形结构与某些病毒在跨细胞传播时制造的结构相同。

谢泼德的研究室位于犹他州立大学医学院，因此他走到医学院大楼的另一头，造访了一个研究HIV（艾滋病的致病病毒）的小组。HIV会形成一个包含有遗传物质的蛋白质胶囊，借此在细胞之间传播。谢泼德向病毒学团队展示了这种球形结构的显微图像，希望他们能够弄清楚这种奇怪的结构到底是什么。HIV研究人员认为它们来自类似HIV的病毒，他们找不到Arc蛋白胶囊和HIV合成的胶囊之间存在的任何区别。两者都由4条不同的蛋白质链组成，并具有相同的分子结构，甚至连弯曲和折叠的原子结构都相同。就像解剖学家研究和命名骨骼一样，生物化学家所研究的各种结构也有相应的名称。分子结构中被称为“锌指”的弯曲为HIV所特有。巧合的是，Arc蛋白中也有这种结构。

显然，Arc蛋白与HIV等病毒几乎相同。而且这两种分子的功能完全相同，都是负责将一小部分遗传物质从一个细胞运输到另一个细胞。如我们前面所见，合胞素虽然略有不同，但也很像HIV。

谢泼德的团队与遗传学家合作，绘制了Arc蛋白的DNA结构图谱，并从动物界的基因组数据库中搜寻了其他拥有该基因的生物。在追踪基因的结构和分布时，他们发现了一个古老的病毒感染事件。所有的陆生动物都有Arc基因，而鱼则没有这一基因。这意味着大约3.75亿年前，一种病毒进入了所有陆生动物共同祖先的基因组。我认为是提塔利克鱼的近亲首先感染了这种病毒。一旦病毒进入宿主的基因组，宿主就拥有了制造一种特殊蛋白质的能力（Arc的一种版本）的能力。通常，该蛋白质将病毒从一个细胞移动到另一个细胞并进行传播。在这种情况下，由于病毒进入了鱼类的基因组，因此大脑中开始活跃地合成这种蛋白质并增强了记忆。感染病毒的个体接受了生物学的礼物。这种病毒被宿主破解、灭活并驯化，在大脑中发挥新功能。我们阅读、书写和记忆生活的能力，源自鱼类在陆地上迈出第一步时发生的一种古老的病毒感染。

在一次神经和行为科学会议上，谢泼德兴奋地展示他的研究结果。在报告开始之前，他听取了一位研究果蝇的科学家的报告。这位科学家发现果蝇也有Arc基因。像我们一样，果蝇的Arc基因在神经元之间的空间很活跃。此外，果蝇的Arc基因也形成空心胶囊，将分子从一个神经细胞传递到另一个神经细胞。但是，果蝇的Arc基因看起来与陆生动物的Arc基因源自不同的病毒，来自动物与病毒的另一次相遇。

基因组如何驯化病毒并使其发挥作用而不受到感染？答案尚不清楚，可能有很多不同的机制。你可以考虑一下在几种不同情况下，病毒和宿主的命运。如果病毒具有很高的传染性，宿主将死亡，并且病毒无法继续传播。如果病毒是相对良性的或有益的，它将进入宿主的基因组并停留其中。如果它进入了精子或卵子的基因组，那么病毒会将其基因组传给宿主的后代。随着时间推移，如果这种病毒具有非常有益的作用，比如说使胎盘更有效或改善动物的记忆，自然选择将倾向于让病毒保持原状并更有效地发挥作用。

基因组仿佛是B级电影的素材，就像一个满是鬼魂的墓地，到处都是古老的病毒碎片。据估计，我们的基因组中有8%由死亡的病毒组成，相关病毒的数量最少有10万个。这些病毒化石中的一些保持了功能，可以使病毒的蛋白质在妊娠、记忆以及无数其他活动中发挥作用，另一些病毒则像尸体一样躺在它们最初入侵的位置，等待着最终的衰败。

基因组内部正在进行战争。一些遗传物质的存在就是为了更多的自我复制。它们可能是外来入侵者，例如一些侵入并试图控制基因组的病毒。它们也可能是我们基因组原本固有的部分发生扩散并插入各处，例如跳跃基因。有时，当这些自私的基因元素降落在特定的地方时，它们可以被用来制造新的组织（例如子宫内膜），或赋予新的功能（例如记忆和认知）。遗传突变可以在短短几个世代中就在基因组广泛扩散，而且如果同样的病毒侵入不同的物种，那么不同种类的生物会独立发生相似的遗传变化。

在由戈尔德施米特引发的不愉快之后，我与迈尔的星期四早茶又持续了两年。后来的会面中，我发现迈尔开始对戈尔德施米特将遗传学和发育生物学的实验与化石记录中的重大事件相结合的尝试勉强表示敬意。到了20世纪80年代中期，他已经得知分子生物学正在掀起的革命，因此也鼓励他认识的研究生们继续关注该领域的研究。

正如莉莲·赫尔曼在这种情况下所说：没有什么事情是始于你认为它们开始的时候。基因组不是静态的分子链。当遇到病毒攻击或基因跳跃时，基因组一直在积极应对，而不是束手就擒。遗传突变可在整个基因组和不同物种之间传播。基因组的变化可以迅速发生，相似的遗传变化可以在不同的生物中独立发生，并且不同物种的基因组可以融合，带来新的生物发明。

第7章 灌铅骰子

研究生的最后一年，我在学校的化学系担任保安并在白天担任助教，以便获得一些薪水。凌晨三点的化学系大楼里只有少数“夜猫子”，我巡查一圈之后，就开始享受这安静的夜晚，深入研究古生物学的经典文献。轮班结束后，我开始做自己的研究，然后在一门大型古生物课程中协助教授工作。这让我接触到了很棒的提议和辩论。我的主要工作是与其他助手一起协助已故的斯蒂芬·杰伊·古尔德教授，开展他颇为火爆的生命史课程。

在20世纪80年代中期，古尔德已成为一个重要的公众人物。作为古生物学家，他深入参与关于生物演化的争论，探讨有关新物种出现的方式以及演化变化如何发生，观点十分激进。他的大学课程约有600名学生参加，其中绝大部分都不太可能会从事科学研究。这些听众被证明是古尔德尝试他的新理论和报告的理想对象。秋天每个星期二和星期四的课上，他都会伴随夸张的肢体动作，滔滔不绝地向坐在前排全神贯注地听讲或躺在后排呼呼大睡的大学生们讲授古生物学的知识。

当时，古尔德正在思考生命史上发生的灾难事件。在过去的5亿年中，全球有5次重大的生物灭绝事件——长期占优势的物种突然消失了，其中最著名的当属导致恐龙灭绝的事件。大约6 500万年[①]前，恐龙、海洋爬行动物、翼龙和许多海生无脊椎动物灭绝，全球植物多样性也衰减了。岩石中的证据揭示了可能的原因：一个大型小行星撞击了地球，极大程度地改变了全球气候，并导致全世界生态系统崩溃，许多动物迅速灭绝。恐龙和其他生物的消失为哺乳动物铺平了道路，它们逐渐占据了这个缺乏大型食肉动物和竞争者的世界。

在一堂课上，古尔德提出了“假设分析”的反事实问题。如果小行星没有坠落到地球，恐龙和其他生物幸存下来，该怎么办？如果许多看似偶然的历史事件没有发生，世界会怎样？课程在寒假之前进行，每年例行观看弗兰克·卡普拉的电影《生活多美好》之后，古尔德做出了一个类比。电影的主人公乔治·贝利正准备跳下桥，结束他的生命，此时，一个天使出现了，使他有机会进行时间旅行，看看自杀会对他的家乡产生怎样的影响。如果没有贝利，纽约的贝德福德瀑布镇将变得更糟。古尔德将小行星撞击比作乔治·贝利，并将地球生命比作贝德福德瀑布镇的居民。如果这颗小行星没有在6 500万年前袭击地球，那么恐龙很可能会持续存在，而哺乳动物可能永远不会繁盛。实际上，如果不是小行星意外撞击了地球，我们甚至可能不会在这里。

---

① 最新观点认为，白垩纪—古近纪界限为6 600万年前。——译者注

在过去的40亿年里发生的无数看似偶然的系列事件塑造了今天的我们，那场撞击只是其中之一。正如我们的个人生活是由无数次偶然的遭遇、对话和机遇所塑造的一样，生命的历史由宇宙、行星和基因组的变化塑造。古尔德的课程后来成为他最畅销的著作《奇妙的生命》的素材。在书中，古尔德将这种“假设分析”的思想推广到了生命史上的重要时刻。我们今天在周围看到的自然世界，包括我们自身的存在，是层出不穷的偶发事件的产物。如果重播生活中的磁带，即使其中任何一个事件有微小的不同，世界（包括我们在其中的存在）也将会大不相同。

然而，最近的科学研究加上近一个世纪的研究成果，指向了完全不同的结论。用不同的偶发事件重演生活，也许某些结果不会有太大的差别。

退化

雷·兰开斯特爵士（1847—1929）身材魁梧、脾气暴躁、自以为是且生性好斗。抚养他长大的医生鼓励他探索自然世界，因此他从很小就立志成为一名科学家，并最终在19世纪60年代进入牛津大学，跟随当时的一些科学领军人物进行学习。

达尔文发表《物种起源》后，托马斯·赫胥黎极力捍卫达尔文，以至于被称为“达尔文的斗牛犬”。兰开斯特对赫胥黎也是这样，近代科学界称之为“赫胥黎的斗牛犬”。他如此热爱争辩，以至于赫胥黎本人偶尔也不得不让他冷静下来。

图 7–1　雷·兰开斯特爵士

兰开斯特热衷于揭穿超自然现象，这种现象在他所处的维多利亚时代十分猖獗。在伦敦一次神降会中，他揭露了美国灵媒亨利·斯莱德的骗局，此事闻名于世。斯莱德的著名活动是在神降会上从桌子下面拉出石板和粉笔，传达来自神的信息。赶在斯莱德表演之前，兰开斯特借助自己庞大的身躯拿出了斯莱德早已写好字的石板，揭穿了他的谎言。后来，兰开斯特还积极地对斯莱德提起了刑事诉讼。

兰开斯特对怀疑主义的狂热揭露了骗局，也推动了他的科学事业。从牛津大学毕业后，他在那不勒斯的动物学研究站学习了解剖学，并成为研究海洋贝类、蜗牛和虾类的专家。在他的手中，这些生物的解剖结构令人惊讶，无论是多么隐秘的证据，他总能轻松地找到踪迹。

达尔文之后，解剖学家到处寻找物种之间的相似之处，这可能是它们共同祖先的线索。回想一下达尔文的推论，物种之间的解剖相似性是它们具有共同祖先的证据。赫胥黎找到了一些与四足动物亲缘关系很近的鱼类，因为它们的鳍内有与四肢一样的骨骼。类似地，他和其他人使用解剖学相似性表明，鸟类和哺乳动物都与各种爬行动物存在亲缘关系。这种推理做出了特定的预测：亲缘关系较近的物种比亲缘关系较远的物种有更多的形态相似性。

兰开斯特则看到了另外一件事，他专注于其他科学家看不见或忽略的规律。在研究海洋动物的工作中，他发现，许多物种的演化不是通过获得新特性，而是通过丧失特征来实现的。兰开斯特称，失去身体结构并变得更加简单，或称为“退化”，开辟了新的生活方式。他注意到，当生物演化出寄生的生活方式时，它们的身体变得更加简单，并失去了一些身体结构——通常是整个器官。虾类原本有尾巴、外壳、眼睛和神经管，但是生活在其他生物体内的寄生性虾类则完全不长这样。它们失去了外壳、眼睛，甚至是许多消化器官。

兰开斯特对退化的研究带来了更深入、更重要的观察。无论寄生虾生活在地球上的什么地方，或它们专门寄生于宿主的哪个部位（是在鱼的内脏还是鳃中），它们总是失去相同的身体结构。许多发生退化的其他生物也是如此。居住在洞穴中的动物，无论是鱼类、两栖动物还是虾类，都失去了一些器官，变得更有利于生活在黑暗的洞穴中，大概是为了节省建造和维护无用器官所需的能量。令人惊讶的是，不同的物种以相同的方式独立地演化：它们失去了体色，失去了视力，附肢也常常缩小了。

关于退化，最明显的例子可能是失去附肢的蛇。除了在某些物种中看到的残余小突起，蛇的四肢都消失不见了。蛇类身体构造的改变不仅涉及丢失；通过增加椎骨和肋骨的数量，它们的身体也变得更长。这是蛇类生活方式的一部分，它们以滑行方式运动，而附肢只会妨碍这种运动。

兰开斯特知道，除了蛇类以外，还有其他生物也长出了像蛇一样的身体。许多不同的蜥蜴也存在肢体退化和身体延长的情况。一些与它关系并不密切的爬行动物也出现了身体加长、失去附肢的情况，比如蚓蜥类。你可能会误以为它们是蛇或蜥蜴，但它们的头部解剖结构并不相同，因此可以相互区别。就连两栖动物都出现了类似特征，例如蚓螈类两栖动物有长长的身体，而且没有附肢。我们可以看到，相同的特征以相同的演化方式多次出现在不同的动物中。

独立发明在人类世界中也是一种普遍存在的创新模式。无论是电话、溜溜球还是演化论，都有不同的发明家在同样的时间得出了类似的思想和技术。可能是因为时机正确，或者是对现有技术的明显改进，或者是由于产生发明的某种深层次的规律，导致某个想法浮出水面。无论原因如何，“多发性”（multiples）的存在如此广泛，以至于成为某些人类社会领域中的普遍现象。自然界中的某些情况也是如此。

生物演化中的多发性现象可以揭示自然的内在运作机制。若要了解操作方法，我们需要回去谈论奥古斯特·杜美瑞那些不起眼的小动物。

蝾螈中窥世界

鉴于加州大学伯克利分校的戴维·韦克有着温和的言辞和学院派的处事方式，没有人会将他与雷·兰开斯特搞混。自20世纪60年代以来，韦克的研究工作同样产生了深远的影响。兰开斯特的主要研究对象是海洋动物，而韦克则将他的科学生涯献给了蝾螈。

我们与蝾螈有一些共同特征，并应该为此感到幸运。切断蝾螈的四肢，它们可以完全再生，包括所有的肌肉、骨骼、神经和血管。蝾螈受损的心脏可以重新长回来，就连脊髓也可以再生。它们具有许多非凡的生物发明，从各种各样的毒腺到捕获食物的方式，不一而足。在过去的40年中，有来自世界各地数十个国家的资深科学家和学生前往伯克利学习和研究蝾螈。韦克是当代的杜美瑞，从看似简单的蝾螈中发现了令人惊讶的生物学秘密。

自杜美瑞的时代以来我们就知道，蝾螈通常出生于一种环境中，然后随着生长发育转移到新的环境中。许多蝾螈物种在水中孵化，经过变态发育以后生活在陆地上。向陆地生活的转变涉及动物生活方式的全面变化，尤其是它们的取食方式。

一般来说，动物有两种捕食类型。大多数动物用嘴去接近猎物：狮子、猎豹和鳄鱼追逐猎物或无声地等待猎物走近，然后突然咬住猎物，而另一些动物则相反，它们把猎物弄进嘴巴。成年蝾螈就属于后者。

在水中捕食时，蝾螈将昆虫等小型节肢动物吸入口中。通过移动喉咙底部和头骨顶部的小块骨骼，蝾螈可以扩大口腔内的空间并产生真空，将水和猎物吸入。尽管这种方法对于水中的两栖动物很有效，但对于生活在陆地上的两栖动物来说毫无用处。按照估计，陆生动物需要比它们整个身体还大的喷气发动机强度的真空吸尘器，才能产生足够的吸力，将沉重的猎物从空气中吸入嘴里。

在陆地上，蝾螈有许多获取食物的方法。有些物种将舌头伸出体外，用舌头的黏性末端捕捉小型昆虫，然后卷入口中。它们的舌头弹出体外的距离可达体长的1/2。在这一捕食过程中，有两种功能帮助蝾螈完成这一壮举：伸出舌头的机制和缩回舌头的机制。这种特化的舌头是自然界最杰出的发明之一，虽然看起来很小众，却为理解地球上的一般生命带来了惊喜。由于这个系统的精致性和重要性是从解剖学细节中显现出来的，因此我们需要深入研究蝾螈的解剖学构造。

想知道蝾螈的舌头如何弹出，你可以尝试伸出自己的舌头，这一运动要依赖复杂的肌肉相互作用。实际上，我们的舌头是一团由结缔组织包裹并覆盖着味蕾的肌肉。一系列其他肌肉将舌头连接到颌骨和喉部的骨骼。伸出舌头需要移动舌头内部的肌肉（它们从柔软变为刚硬，形状从扁平变成细长）以及附着在舌头上的外部肌肉，才能将它伸出嘴外。将舌头伸到嘴外的一条主要肌肉是颏舌肌，它一端附着在下颌基部，另一端与舌头根部连接。当颏舌肌收缩时，舌头就可以伸出嘴外。

人类使用颏舌肌说话和进食。实际上，修正颏舌肌的外科手术有时会被用于治疗打鼾。收紧颏舌肌会使舌头的静息位置向前移动，远离喉咙。这种调整可以防止舌头在睡眠过程中阻塞气道，从而防止打鼾，也可以预防睡眠呼吸暂停。

尽管人类为自己的说话能力感到自豪，而舌头和颏舌肌的运动是其中至关重要的部分，但我们无法用舌头捕捉到飞行的昆虫。我们的舌头能够伸出口腔的距离不够远，也不够快，因此无法捕捉到任何东西。鉴于我们的社会习惯和食物选择，这可能是一件好事，但是这对于蝾螈来说是行不通的。

许多蝾螈也有颏舌肌，并且在进食过程中发挥作用。它们的颏舌肌演变成长带状，收缩时可使舌头伸出口外。在蝾螈中，这种弹射舌头的方式是最常见的。然而，这种方式在“弹舌奥运会”中，甚至连预选赛都进不了；它虽然很不错，却远没有其他机制那么令人难以置信。由于颏舌肌收缩的速度为该系统的运作速度设定了物理极限，尽管这样弹射舌头的速度已经很快，却还不足以捕获许多快速飞行的昆虫。

韦克的一个最爱——游舌螈属（*Bolitoglossa*）的蝾螈可以将舌头伸出半个体长之后缩回，全程只需要不到0.002秒。看它们取食着实令人困惑，舌头的动作如此之快，以至于在YouTube视频网络上的慢动作视频中也几乎看不到。更令人难以置信的是，蝾螈体内没有任何肌肉可以收缩得像舌头弹出一样快。它们的舌头弹射速度已经超过肌肉收缩的速度极限。这些蝾螈似乎打破了物理定律。

20世纪60年代，戴维·韦克和他的研究生埃里克·隆巴德花费了将近10年的时间钻研蝾螈的舌头，试图了解它们的工作原理，以及更重要的问题：它们是如何产生的。他们解剖了不同物种的舌头，仔细观察了每块肌肉、骨骼和韧带。他们用镊子操纵不同的骨骼和肌肉，尝试模拟它们的运动。几十年后，韦克的一个学生用高速摄像机拍摄了蝾螈舌头的运动，以观察肌肉和骨骼如何协同完成这项不可能的工作。

韦克发现，蝾螈的舌头就像一把极其复杂的生物手枪。高度特化的蝾螈不仅是简单地将舌头伸出口外，它们的舌头像附在弦上的子弹一样从嘴里射出。如果这还不够奇怪，更奇怪的是，蝾螈弹射的弹丸其实是它鳃部的一小块骨头，附着在舌头的黏性末端。眨眼之间，它们就将部分的鳃部骨骼射出身体的一半长度那么远。然后同样令人惊奇的是，舌头又像弹出一样快速地回到口中。

在这些能够快速射出舌头的蝾螈中，颏舌肌完全消失了。那块肌肉收缩得太慢，只会妨碍舌头射出。在大多数种类的蝾螈中，鳃弓骨骼都固定在头部的一侧，供鳃丝附着。能够射出舌头的蝾螈则与此不同。它们的鳃弓骨从头骨上解放出来，附着在舌头上，成为像子弹一样被发射的弹丸。

为了搞清楚蝾螈射出舌头的情景，你可以想象一下将西瓜种子放在拇指和食指之间，通过挤压让它射出去。种子是润滑且渐细的。当你用指尖用力挤压时，种子会迅速地射向远处。蝾螈的舌头也是如此。精巧的肌肉提供挤压力，鳃部骨表面润滑，形状渐细。当肌肉收缩时，鳃骨即弹出，就像西瓜种子一样。

在能够射出的蝾螈舌头中，两块鳃骨扩展成音叉形，叉齿朝向尾端。这些骨头向前逐渐变细，表面润滑，就像西瓜种子一样。鳃骨表面纵向附着肌肉，这些肌肉收缩时挤压它，使之从嘴里射出。最终结果是舌垫和鳃骨射向目标。如果该过程有效，昆虫就会被舌头捕获并带回嘴中。

如果只是射出舌头捕获昆虫，却不能将食物带回嘴里，那么对蝾螈可没什么好处。想到蝾螈不能缩回舌头，我们可能会觉得很搞笑，但这对它们来说是致命的。这会让它们暴露于掠食者面前，并且无法获得更多食物，几乎必死无疑。蝾螈对此的解决方法很聪明。所有蝾螈的腹部都有肌肉从腰带区一直延伸到鳃部，这些肌肉通常起到支撑身体的作用。在舌头弹射性最强的蝾螈中，两组肌肉纤维融合在一起，形成了一条从腰带延伸到特化鳃骨的肌肉。你可以将这条肌肉想象成一个巨大的弹簧：当鳃骨被射出时，肌肉被迫伸展，随后蝾螈依靠肌肉收缩将舌头缩回口中。

这种复杂生物器官的起源不是新器官或骨骼的产生，而是以新的方式重塑原有骨骼和肌肉的功能。这种蝾螈驱动舌头射出的肌肉正是其他蝾螈吞咽时使用的肌肉。原本支撑鳃部的骨骼一端逐渐变细，成为可以射出的子弹。颏舌肌消失，使弹丸可以飞得更远。腹部肌肉融合在一起，形成了缩回舌头的弹簧。这种重新设计形成了一个自然奇迹，一种包含许多部分的高度复杂的发明。

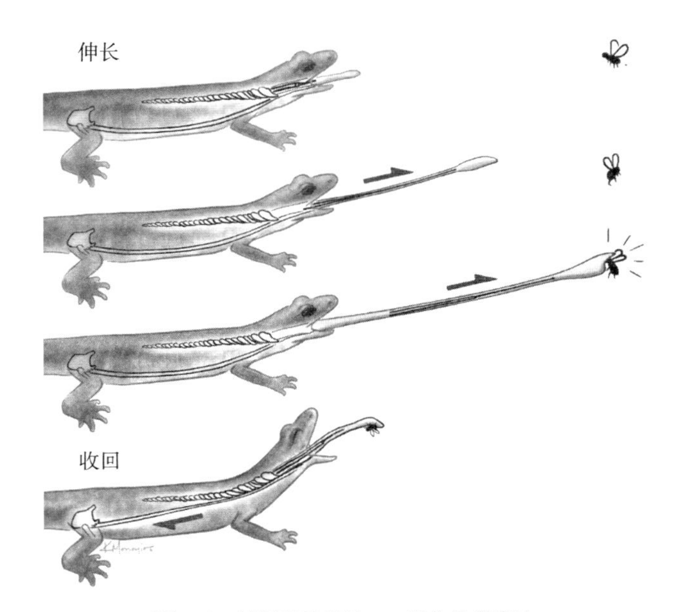

图 7–2　蝾螈射出舌头，一种生物学奇迹

蝾螈的舌头已令人赞叹不已，而韦克研究的另一个领域中又出现了更特别的东西。

韦克的一个专长是利用DNA来解读蝾螈的家谱，探索不同物种之间的亲缘关系。沿着扎克坎德和鲍林的传统路线，他比较了不同物种的基因序列，进而估算它们演化出来的时间和地点。韦克几乎采集了所有蝾螈物种的组织样本，并用这些样本建立了迄今为止最权威的蝾螈系统发育树，连他自己都对这一结果感到震惊。

结果表明，那些舌头能够极度延长的蝾螈种类之间的亲缘关系并不密切。实际上，这些物种在系统发育树上相距甚远，它们生活的地区也相距数百英里，而且它们来自不同的祖先。弹射舌头的出现是一种复杂的生物学创新，涉及头和身体的许多协调变化。在生命史中，它至少曾独立出现过三次，甚至可能更多。不论演化路线如何，这些蝾螈的颏舌肌都丢失了，鳃骨形成弹丸，而腹部肌肉变成收回弹丸的弹簧。这些舌头的演化都是雷·兰开斯特爵士所称多发性演化的例子。

这种高度特化的器官的独立发明绝非偶然，具有这类特征的物种有一些共同的特征。大多数蝾螈在呼吸时都会用到鳃骨，帮助扩张口腔并将空气吸入肺部。它们在幼年阶段还普遍使用这些鳃骨来捕食：这些骨骼的运动可以产生吸力，将食物吸入口内。如果需要鳃骨呼吸和进食，那么又如何用它们弹射舌头呢？研究发现，那些能够弹射舌头的蝾螈既没有肺也没有幼年阶段，鳃骨不再具有这些与弹射舌头相矛盾的功能，因而可以用作捕捉猎物的新型导弹。

但是，多发性是如何出现的？它们又能告诉我们哪些关于生物体内部运作方式的信息呢？

混乱即信息

科学家与大多数普通人一样讨厌混乱。他们喜欢那些散点完美契合直线或曲线的图示。我们渴望结果确定的实验。我们理想中的观察结果是整洁、整齐的，并且始终遵循预测。我们喜欢信号，讨厌噪声。

对生命之树的研究也没有什么不同。为生命书写家谱有点儿像设计一把识别野外物种的钥匙：我们寻找动物共有的特征。一个物种的特征越独特，我们就越容易将它与其他物种区分开。例如，每个人都可以分辨出海鸥和猫头鹰的区别。它们都有能够用于鉴别的特征，无论是猫头鹰的圆脸还是海鸥的尖喙和体色。不同物种所共有的所有特征内部蕴藏着一致性，从解剖结构到DNA序列都是这样。人类之间共享其他灵长类动物中未见的特征，灵长类动物之间共享其他哺乳动物中未见的特征，哺乳动物共享大多数爬行动物中未见的特征，依此类推。

雷·兰开斯特发现了一个类似先有鸡还是先有蛋的问题：我们应该如何区分独立或多发性演化得来的相似性与反映真实系统发育关系的相似性呢？如果蝾螈的舌头及其所有复杂的细节能够独立演化而来，那么我们怎么能相信所有特征都能提供亲缘关系的证据呢？事实是在蝾螈中，舌头只是其中一个例子。我们能够在一个又一个器官中看到多发性演化的情况。

那么，世界顶尖的蝾螈专家如何看待它们的演化呢？与该领域的其他大多数人一样，戴维·韦克实际上已经放弃了将解剖特征作为亲缘关系的指示。为什么？很显然，不管收集了多少数据，我们都只能接受，世界不同地区的蝾螈在不同的时间点独立地演化出了相同的特征。

也许多发性演化的混乱并不只是烦恼，而是通向一些基本原理的窗口。也许我们视为信号的其实是噪声。如果某些演化模式并非偶然，又将如何呢？

多发性演化的出现有两种方式。第一种方式是，对一个问题的解决方案有限，以飞行为例。任何飞行生物都需要较大的表面积才能产生足够的升力，因此所有飞行生物都具有翅膀。鸟类、飞行的爬行动物、蝙蝠和苍蝇的翅膀看起来相似，但内部结构不同，可以追溯的演化历史也不同。鸟类翅膀的骨骼结构与蝙蝠或翼龙的不同。蝙蝠的翅膀是在5根细长手指之间伸展的翼膜，翼龙的翅膀由非常长的第四指支撑。昆虫的翅膀则更加另类，由完全不同类型的组织支撑。物理必要性和演化历史共同形成了这些结构：每种结构都是翅膀，但构造不同，反映了哺乳动物、鸟类、爬行动物和昆虫的不同演化历史。

这些身体必需品的例子比比皆是；早期的解剖学家通常将它们称为“法则”。乔尔·阿萨夫·艾伦于1877年提出的艾伦法则认为，生活在寒冷气候中的温血动物的体表突出部位（四肢、耳廓、鼻子等）要比生活在温暖气候中的动物更短，原因是这样可以减少热量散失——较长的突出部位会散失更多的身体热量。同样地，1844年以卡尔·贝格曼命名的贝格曼法则提到的观察结果是，生活在寒冷气候中的动物比生活在温暖气候中的动物的平均体型更大。限制因素仍为热量损失，因为小型动物散发热量的体表面积会成比例地增加。对于生活在不同地区的不同物种，艾伦法则和贝格曼法则都适用。

还有另一种可能产生多发性演化的方式。达尔文认识到，种群中没有哪两个个体是完全相同的，某些变异可以增加后代数量和使个体更加健壮，从而使该个体在其所处环境中更成功。这些差异是通过自然选择发生演化的基础：只要种群中存在差异，并且其中一些差异影响生物在环境中的适合度，演化就是必然的结果。但是，自然选择只能影响种群中已经存在的差异。如果个体之间没有差异，演化就不会发生。如果变化中出现某种偏差，该怎么办？如果构建身体和器官的遗传和发育方法比其他方法更容易产生某些设计，或者根本不产生某些设计，该怎么办？如果这是真的，那么了解动物发育过程中器官的构建方式可以帮助预测它们在种群中的变化，从而预测它们可能演化的方式。

真，冻脚

在哈佛大学完成研究生学业之后，我来到了加州大学伯克利分校，到一些著名的动物学和古生物学博物馆学习。在现场待了几周后，戴维·韦克对蝾螈的热情感染了我，于是我开始设计一些可以与他的团队合作的项目。由于渴望生活在另一种气候下，我被加利福尼亚吸引了，就像被博物馆和蝾螈吸引一样。我已经在马萨诸塞州坎布里奇待了5年，还常常前往格陵兰岛和加拿大开展夏季野外工作，此时我非常想摆脱黑暗和寒冷，沐浴在加州的阳光下。

但阳光明媚的幸福是不存在的。当我到达时，伯克利正遭遇着近期最严峻的一次寒潮。没有什么比寒冷的加州还要寒冷的了，哪怕是在格陵兰岛的帐篷里也没有这么冷。房屋没有暖气，我们也没有厚衣服。整个城市的管道都结了冰，水也限制供应。尽管当时我几乎一无所知，但加州短暂的寒冷影响了我对生命演化史的看法。

寒潮期间的某一天，为了暖和身体并装些水，我来到了韦克的实验室。韦克刚与雷耶斯角国家海滨公园管理局的同事通完电话。寒冷的天气影响到了公园的淡水湖泊，导致数十年来湖泊第一次冻结，而动物们没有像人类那样为气温下降做好准备。同事打电话来告诉韦克，成千上万的蝾螈已冻死在池塘中，公园的管理人员想知道我们是否要将它们拿到动物学博物馆做成标本。这些动物已经因自然灾害而死亡，那么为什么不看看可以从它们身上获取什么科学知识呢？

然后，我们就有了1 000多只蝾螈标本。在哈佛大学，我曾研究过蝾螈的四肢在胚胎阶段如何发育。出于兴趣，我们制订了一项计划，利用这些蝾螈的脚，分析其中的骨骼。每只蝾螈有两只后脚，因此我们一共有大约2 000只脚可以研究。

我对2 000只脚感到兴奋并不荒唐。当时我刚上了古尔德的课程，想要验证演化在何种程度上是偶然的或必然的。从舌头到退化，从蝾螈到虾，到处都有我们看到的多发性现象。实际上，人们查看的例子越多，发现的证据就越多。韦克发现蝾螈脚部的演化方式非常独特，就像在舌头弹射系统中一样，不同的物种独立地经历了相同的演化路线。

由于寒潮导致的冰冻，我们拥有了来自同一个物种的单一种群的数千只脚。我们的计划是查看它们四肢的形态，并分析个体之间的差异。这种差异是自然选择演化的动力。现在，我们可以提出那些关键的问题：种群中的变化是否存在某种程度的偏差？多发性的出现是否因为自然选择的动力（个体之间的差异）而不是随机的？如果所有四肢模式出现的可能性相等，那么我们将会在雷耶斯角国家海滨公园的大量冻蝾螈中观察到随机变化。但是，也许对特定变化的某种内在倾向性推动了某些方向的演化发展。

在2亿多年的演化过程中，蝾螈四肢的演化出现了类似兰开斯特所提出的“退化”的情况：它们失去了某些结构，而不是获得了结构。无论是在中国、中美洲国家还是北美洲国家，它们的一些特征都在演化中一次又一次丢失。首先，它们往往会失去手指或脚趾，并且总是相同的指（趾）头。当蝾螈失去手指或脚趾时，总是失去尾指一侧的，而不是另一侧的。第二种模式是，在演化中它们腕部和踝部的骨骼倾向于愈合在一起。蝾螈的脚踝上通常有9块骨头。特化的物种往往会以非常特定的方式失去某些骨骼：相邻骨骼发生愈合。如果祖先曾经有两块独立的骨骼，那么后代可能会只有一块较大的骨骼。韦克指出，这些愈合的模式似乎不是随机的。某些愈合模式一次又一次地发生，而另一些则从未出现过。

不论是在博物馆、动物园，还是野外，科学家都几乎永远无法接触到同一物种的1 000件骨骼。这些标本的数量实在是巨大，达到了足以进行实际统计分析和测试的程度。我们可以看到变异是否有偏差，以及它对蝾螈演化的影响。而真正的挑战是如何查看内部的骨骼情况。

我们不能简单地用X射线对这些蝾螈的四肢进行检查；它们的骨骼由柔软的软骨构成，普通的医用X射线下无法显示。标本的数量又太多，无法用CT扫描仪检查，而且检查费用将是天文数字，我的医疗保险对蝾螈来说毫无用处。后来，我们选择了一种技术，方法简单，获得的标本也非常美观。我们配制了一系列的酒精、水和化学染料溶液，将蝾螈标本依次浸泡在这些溶液中，保持足够长的时间，使溶液扩散到组织内部。最后的溶液中有一种特殊的蓝色染料，可以附着在软骨上，将所有软骨染成蓝绿色。整个过程需要耗费几周时间。最后，我们将染好色的蝾螈标本放入甘油（一种透明黏稠的液体）中。当甘油进入标本体内时，标本会变得像玻璃一样透明。处理大型蝾螈可能需要几个星期。如果一切顺利，我们最后能够得到非常漂亮的标本。标本的躯体是透明的，骨骼则是蓝色的，好像它已经变成了一副玻璃中的蓝色骨架。

处理这1 000个标本花费了我们两年的时间。我们对标本中的每个附肢都进行了编号，记录它们的形态、骨骼愈合或丢失情况。

我们发现，变异不是随机的：答案很明显，就像它们在甘油中的躯体一样清晰。骨骼愈合在一起，特定的趾头丢失了，而且我们发现雷耶斯角蝾螈种群中骨骼的变化与中国、墨西哥甚至美国北卡罗来纳州的物种相同。一些愈合模式很容易出现，而另一些则不易出现。无论哪种情况下，我们都一遍又一遍地看到相同的模式重复出现。

除了偶然性—必然性的二分法之外，这还能告诉我们关于蝾螈的什么生物学信息呢？

我在读研究生期间，曾研究过蝾螈附肢的发育过程，其中骨骼的形成过程有一个明确的顺序，第二（指）趾首先形成，然后形成第一、三、四和五（指）趾。这个顺序我曾在哪里见过——这正是蝾螈趾在演化中丢失的顺序。趾头的丢失似乎是有秩序的：最后形成的最先丢失，以此类推。

腕部和踝部的软骨发育顺序也很明确。它们依次出现，一块骨骼先形成，然后下一块会从这块骨骼中萌出。随着其他新骨骼出现，这两块骨骼将彼此分开。这种萌芽和分离最终形成了9块独立的骨骼。这种模式我以前也曾见过——不同蝾螈中相互愈合的骨骼总是从彼此中萌出的那些。

在这种深奥的解剖结构和发育模式之下，隐藏着一个简单却有力的观点。如果知道蝾螈的四肢如何发育，就可以推测它们可能的演化方式。指（趾）头形成的顺序以及腕部和踝部骨骼萌出的模式，决定了某些变异比其他变异出现的可能性更大。最后形成的最先丢失，这解释了我们所见到的蝾螈指（趾）头的变异。骨骼的愈合也不是随机的，相互愈合的骨骼通常是在发育中从彼此中分离而出的那些。

胚胎发育可以被视为一个建筑过程。如果你是建造者，那么建造房屋的方式以及建造房屋所使用的材料都会影响所建房屋的类型。某些类型的房屋比其他类型的更有可能建造出来。正如我们在冰冻蝾螈脚上看到的那样，动物也是如此。它们的构建方式使某些发明和变异比其他的更有可能发生。

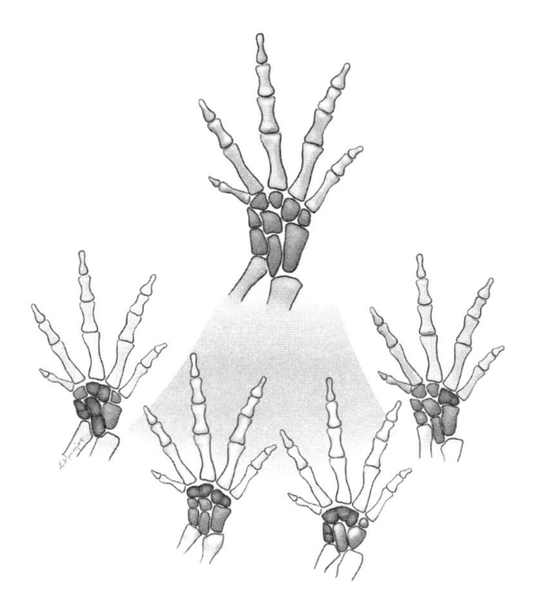

图 7–3　蝾螈附肢的演化伴随骨骼丢失的过程。这里展示了演化过程中相邻骨骼相互愈合的情况

长期以来，多发性（如蝾螈脚部骨骼的变化）被视为生命演化史上令人困惑的“人为作品”，就像奇怪的偶发性事件。但是，我们观察的例子越多，就越能发现这是生物发明产生的常见方式。在许多情况下，它们反映了深层的变化规则，即生命发展过程中物种形成方式的固有偏差。实际上，如果每种动物都使用相同基因（甚至整个基因配方）的不同版本来构建自己的身体，多发性现象在动物界中一次又一次地出现就不足为奇了。生命史中伟大发明的出现并不是偶然的。

演化之路不是随机变化推动的连续发展。在历史进程中，不同的物种通常会沿着不同的路线到达同一地点。用古尔德的话来说，在不同的偶然情景下重现生命的演化，重要的事情不会有所不同，而是相同的。

厄恩斯特·迈尔曾在一次茶会中与我分享了他的观点。在谈到伏尔泰时，他说演化的结果并不是“最好的可能世界”，而是“可能的世界中最好的”。遗传、发育和历史有助于定义那些可能发生的变化。

大自然的实验

大自然是一个巨大的实验室。实际上，我们可以从中看到生命史的重现，就像乔治·贝利在贝德福德瀑布镇的桥上所做的一样。

从圣马丁岛到牙买加，在几乎所有的加勒比海岛屿上都有蜥蜴。这些岛屿有茂密的森林、开阔的平原和海滩，为蜥蜴提供了富饶的生活环境。几代科学家都发现，这里是研究演化的天然实验室。就像达尔文的加拉帕戈斯群岛一样，每个加勒比海小岛都提供了一种途径，使我们了解不同的蜥蜴如何适应不同的环境。欧内斯特·威廉姆斯（1914—1998）是一位伟大的爬行动物学家。根据前人的工作，他注意到加勒比海的各个岛上都有类似的蜥蜴。森林中的蜥蜴发生了分化，生活在树木的不同部位：一些生活在树冠中，还有一些生活在树干上，另一些生活在地面附近的树干基部。无论在哪个小岛，生活在树冠上的蜥蜴都体型较大，头也很大，背上有锯齿状的嵴，颜色深绿。生活在树干上的蜥蜴则都是中等大小，四肢短，尾巴短，头部呈三角形。而生活在树干基部的蜥蜴则长有巨大的头，腿很长，而且身体多呈棕色。

在威廉姆斯的指导下，我的同事乔纳森·洛索斯把这些蜥蜴作为他的主要研究对象。洛索斯使用DNA技术分析了各个岛上的蜥蜴之间的亲缘关系。根据它们的解剖结构，你可能认为生活在树冠层中的大头蜥蜴与其他岛上大头蜥蜴的关系最密切，而树干上的短肢蜥蜴和地面附近的长肢蜥蜴的情况也是如此。但洛索斯发现并不是这样。实际上，每个岛上的蜥蜴都与自己岛上的其他蜥蜴关系最为密切。每个岛上的蜥蜴种群都有自己独特的遗传特征，并且是分别定居在各个岛的。很久以前，这些蜥蜴的祖先来到某个岛上并存活下来，其后代独立适应了新的环境条件。每个岛都可以被视为一个独立的演化实验室。其中，蜥蜴需要分别适应地面、树干、树枝和树冠上的生活。如果每个岛都是一次单独的实验，那么演化一遍又一遍地产生了相同的结果。如果在不同的岛上重放历史的录像带，那么每个岛上的演化都会以同样的方式重复发生。

对于哺乳动物来说，情况也是如此。在澳大利亚与世界其他地方隔绝以后，有袋类动物已经独立演化了一亿多年，产生了许多形态不同的物种。演化的结果绝对不是随机的，澳大利亚存在有袋的鼯鼠、有袋的鼹鼠、有袋的猫，甚至有袋的土拨鼠。这还只是现存的动物，有袋的狮子、狼甚至还有剑齿虎都已经灭绝了。在这个孤立的大陆上，有袋类动物的演化遵循了与世界其他地方的哺乳动物相似的演化路径。

这些自然实验表明，生命史并不完全是偶然事件的赌博。通过基因和发育构建身体的方式、环境的物理约束以及演化历史，都会给骰子加上配重。在每一代中，生物都从祖先那里继承了构建器官和身体的配方，这些配方刻写在基因、细胞和胚胎中。这种继承代表着未来，因为它可以使某些改变比其他的改变更可能发生。过去、现在和未来融合在所有生物的身体和基因中。

第8章 融合与获得

有时，世界尚未为新发明或新思想做好准备。达·芬奇（1452—1519）曾在16世纪设计了滑翔机等飞行器，而它们之所以没有制造出来，是因为当时既没有合适的材料也没有加工它们的方法。生命史也是一样。早在第一次呼吸空气和踏上坚硬的地面之前，拥有肺和前肢的鱼类就已经在古老的水域中繁盛起来。当陆地上的植物和昆虫不够丰富时，任何大型动物都不可能在陆上生存。无论是在演化和人类技术革命的过程中，还是在20世纪60年代一位年轻科学家的奋斗历程中，时间对于发明来说都意味着一切。

琳恩·马古利斯（1938—2011）在芝加哥大学和伯克利分校研究微生物。在第一个项目中，她研究了生物体内细胞的多样性，并提出了有关细胞起源的新理论。她在文章中详细地描述了这一观点，却收到了“约15种期刊”的拒信。她没有气馁，最终将文章发表在一个相对冷门的理论生物学期刊上。在异口同声的负面评论面前，马古利斯的勇敢坚持令人注目。这是一位职业生涯刚开始的年轻女科学家，在一个由男性占据主导地位的领域中对抗根深蒂固的“正统”。

马古利斯主要研究构成动物、植物和真菌机体的细胞，这些细胞的复杂性是细菌所不具备的。每个细胞都有一个细胞核，基因组就位于细胞核中。细胞核的周围有许多不同功能的细胞器，其中最突出的是为细胞提供动力的细胞器。植物的叶绿体中含有叶绿素，可以进行光合作用，将阳光转化为细胞可以利用的能量。类似地，动物细胞具有线粒体，可以利用氧气和糖类产生能量。

马古利斯观察到，这些细胞器看起来就像细胞中的微型细胞。每个细胞器都有自己的膜，将其内部与细胞的其余部分隔开。细胞器通过分裂或出芽的方式在细胞内增殖：首先，细胞器变大，中间像哑铃一样缩紧；然后，两端分离，分别形成两个新的细胞器。细胞器甚至拥有自己的基因组，并与细胞核的基因组分开。不过，细胞器的基因组与细胞核的基因组差别很大。细胞核中的DNA链自我缠绕，但是线粒体和叶绿体中的DNA链则末端闭合，形成一个简单的环。

细胞器具有自己的膜和DNA并能够自我增殖，这为马古利斯带来了灵感。她曾经在单细胞细菌和蓝藻中看到过这些特征。细菌和蓝藻通过出芽生殖，被类似的膜包裹，其基因组也与叶绿体和线粒体的基因组相类似。从全世界范围来看，为动植物细胞提供动力的细胞器更类似于细菌和蓝藻，而不是它们所处的细胞。

根据这些观察，马古利斯提出了一种激进的演化新理论。叶绿体最初是自由生活的蓝藻，后来被另一个细胞吞入，并作为新陈代谢工厂为细胞提供能量。同样地，线粒体最初是自由生长的细菌，后来与另一个细胞融合并为其提供能量。她的激进观点是在这些情况下，不同的生命个体融合在一起，创造了一个新的、更复杂的生命。

马古利斯关于这一新理论的论文遭遇了15次拒稿，这一观点也遭到了广泛的轻视或彻底的冷漠。马古利斯并不知道，在60年前，俄国和法国的生物学家曾分别提出了类似的观点，都受到了同行的嘲笑，并隐匿在了晦涩的文献中。马古利斯无畏而坚毅，并富有创造力，她花了数十年的时间找到了更多的证据，并在公开场合进行顽强的辩论，为她的观点延续了生命。不幸的是，这些努力都无济于事。由于她所揭示的相似性并不能得到领域内其他研究者的信服，因此她一直受到冷遇。

后来，对于马古利斯以及整个科学界来说非常幸运的是，新的技术拯救了她的观点。到了20世纪80年代，人们开发出了更快速的DNA测序方法，可以将细胞器内的基因与细胞核内的基因进行比较，结果所得出的谱系树美丽又令人惊奇。线粒体和叶绿体的遗传特征都与它们所在的细胞核不相关。与其他植物体内的细胞相比，叶绿体与各种蓝藻之间的亲缘关系更为密切。同样地，线粒体是一种耗氧细菌的后代，与它们所在细胞的细胞核无关。每个复杂的细胞内部都有两个生命家族——一个是细胞核，另一个是祖先曾经自由生活的蓝藻或细菌。

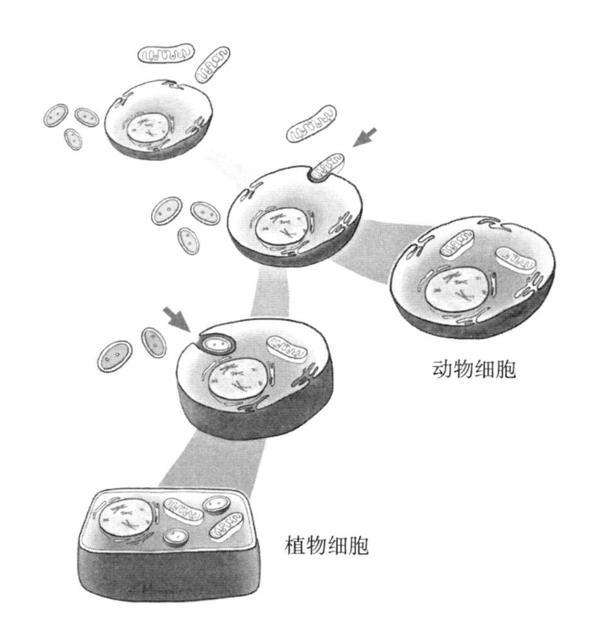

图 8–1　通过结合实现的演化：通过两种不同微生物（箭头）的融合形成新的复杂细胞，其中一种微生物形成线粒体（上部），另一种形成叶绿体（底部）

最近的DNA序列比对结果显示，这些融合是生命史上的常见事件。拥有不同细胞器，并不是动物也不是植物的细胞，也是以这种方式出现的。例如，引起疟疾的微生物恶性疟原虫有一个奇怪的细胞器，像纸帽（以前的学生受惩罚时所戴的纸帽）一样位于细胞的一侧。这个细胞器参与许多不同的代谢过程。DNA测序结果表明，它曾经是一种自由生活的海藻。由于这种细胞器曾独立生活，它周围的膜中含有独特的分子。这些分子在医学中得到了很好的应用：它们成为抗疟疾药物搜索和杀死疟原虫的靶标。

最终，马古利斯渡过了难关。但不幸的是，她在2011年脑卒中发作，职业生涯就此结束，时年73岁。去世之前，她有幸活着看到自己的理论得到证实。回顾自己的职业生涯时，马古利斯用一句简单的话概括了她应对争议的方法，这也是她几十年学术之争的口头禅：“我从不怀疑我的想法，我认为它们是正确的。”

创造力、强大的人格和先进的技术改变了我们对生命史的看法。当不同个体结合起来构成更加复杂的生命，原本自由生活的生命成为更大的整体的一部分时，重大的转变发生了。当今地球上的每一种动植物，都包含从器官到细胞、细胞器和基因的复杂层次结构。这种组织结构的形成方式是一个跨越数十亿年的故事，而这个故事的开始距离地球自身的起源并不遥远。

需要一些装配

我们对过去的探索越深入，生命的画面就变得越模糊。也许没有人比詹姆斯·威廉·肖普夫更了解这一点，他的毕生追求就是寻找地球上最早的生命证据。他追寻着这一目标来到了西澳大利亚干旱的山坡上。在这个独特的地方，岩石已有30亿年的历史，是世界上最古老的岩石之一。因此，科学家纷纷来到这里，试图了解早期地球如何运转。这些岩石曾经见证了一切，自从沉积以来，它们经历了亿万年的高温和高压。最初存在于其中的任何东西（包括化石）通常都已被灼烧或压碎。

20世纪80年代初，肖普夫在探索一个名为顶角燧石的岩层时，发现其中一些岩石与同年龄的其他岩石相比，变形程度相对较低。经历高温或高压作用的岩石内部常常含有特征性矿物，这些矿物在高温高压的条件下形成。顶角燧石的岩层中这些矿物的含量相对较少。肖普夫知道这种岩石很罕见，便把它们带回实验室进行分析。燧石形成于海底渗出物中，通常包含生物死亡后落在海底的遗骸。

研究燧石很不容易，需要用金刚石锯将岩石切成薄片，置于载玻片上，再放在显微镜下观察。肖普夫让两名研究生进行这项观察，他们花费了数年的时间进行显微镜观察，却一无所获。第三名学生观察了几个月，在岩石中发现了一些微小的细丝。但他觉得这些细丝不重要，就把岩石样品放回标本柜内等待后续研究。可惜，这位学生并没有继续从事科研，而标本在橱柜中又沉睡了两年。

终于有一天，对此毫不知情的肖普夫把燧石标本从柜子里拿出来研究。他发现其中一些微丝看起来像小薄片和条带，大多数微丝是彼此相连的小圆形结构，看起来像一串珍珠。肖普夫曾经在现生蓝藻的小型群体中看到过这些图案，但是这些类似细胞的结构来自近35亿年前的岩石。根据这些观察结果，肖普夫大胆地宣布，他发现了地球上最早的化石，来自地球和太阳系起源10亿年后形成的岩石。

并不是每个人都对此表示赞同，质疑伴随着喧闹而来。一种批评是，像肖普夫发现的这种微丝结构可能是岩石经过数十亿年时间自然形成的结果。批评者声称这些碎屑不是化石，而是岩石在高压下破碎后产生的石墨。期刊上充斥着支持与反对肖普夫的文章。肖普夫本人与一位著名反对者进行了公开辩论。这些岩石内的微丝看起来似乎深奥难懂，但最关键的问题（了解地球上的最早生命）并不令人费解。

肖普夫尝试了另一种方法。他没有比较微丝和蓝藻的形状，而是去寻找有关早期生命的另一条线索。在他最初发现微丝后的几十年中，新技术使科学家能够研究岩石和假定化石内部颗粒的化学性质。地球上的碳元素有多种存在形式，某些碳原子比其他碳原子重，而生物会代谢并优先使用其中一种碳元素。鉴于这种化学特异性，根据不同碳元素的比例，生命会在岩石上留下独特的指纹。

肖普夫和他的同事使用质谱仪（一台家用洗碗机大小的机器）探测了岩石中的谷物和微丝中的碳元素含量。结果显示，这些微丝具有生物来源的碳元素比例特征，而且它们代表了至少5种不同的生物。有些生物的碳元素指纹显示它们能够进行原始的光合作用。其他的看起来像是已知的以甲烷为燃料的微生物。如果说顶角燧石是通向古代地球的一扇小窗，那么它告诉我们，早在35亿年前，地球上已经存在多种生命了。

我们知道可以通过探测岩石来寻找生命存在的化学证据。即使化石早已消失，生命的化学特征也会保留。如果生物能够代谢碳元素，那么岩石中会残留改变后的碳元素含量。耶鲁大学的一个团队探测了东格陵兰岛岩石中的碳元素后，在比顶角燧石更为古老的岩石中发现了生命存在的证据。它们有40亿年的历史，可追溯到地球和太阳系形成后的5亿年。

这些探索表明，从地球形成早期开始到20亿年前，地球生命仅由单独或聚集生活的单细胞生物组成。每个微生物的基因都连续地传承给了后代——一个个体分裂成两个，两个子代继续分裂，世代随时间增加。此时的生物发明主要是关于产生新的代谢方式，以更有效地处理能源、燃料和废物。一些物种从硫或氮中获取能量，其他物种从光和二氧化碳中获取能量，还有一些在获取能量的过程中利用了氧气。这些单细胞生物为即将到来的革新奠定了基础。

微生物的活动改变了世界。在近20亿年的时间里，蓝藻曾是地球上数量最丰富的生物。通过光合作用，它们利用太阳光和二氧化碳产生能量，所产生的废物是氧气。蓝藻以集落的形式存在于肖普夫发现的条带中，或者大如微波炉的伞菌状群落中。从35亿年前开始，这些集落就遍布全球。它们连续数十亿年释放氧气，从根本上改变了大气层的成分。40亿年前的大气层中氧气含量很低，随后氧气含量不断上升，直到能够维持各种生命。

氧气的增加对微生物有弊有利。对于某些微生物来说，氧气是有毒的；而对于另一些来说，氧气开辟了新的可能。其中一种微生物开始蓬勃发展，这无疑是一种可以从氧气中获得能量的微生物。

在数十亿年的时光中，单细胞生物就像没有器官的身体。它们体内没有功能独特的细胞器。在1992年从密歇根州伊什佩明的一个铁矿里发现的化石中，人们最先看到了变化的迹象。这些化石看起来像是盘绕的细胞条带，长约3.5英寸。它们来自近20亿年前的岩石中，是拥有细胞器的复杂细胞。乍看上去，它们并不像生命的零件，但这些盘绕的条带预示着一场革命。

当一种代谢氧气的细菌与另一种微生物结合在一起时，地球上出现了一种新型生命。正如马古利斯所言，合并不是一加一等于二，更像是一加一等于400。这次合并的宿主是一个细胞，它具有一个细胞核，并能够产生不同种类的蛋白质。通过吞并一种耗氧细菌并将其转变为自己的动力源，新的联合细胞能够制造更复杂的蛋白质和表达新的行为。

这种新型生命不再是只依靠自己生存的单细胞细菌，而是一个更大的整体的一部分，是一种由不同部分构成的、全新的、更复杂的个体。以前自由生活的细菌不再自行繁殖，转而为宿主细胞服务。新的联合细胞现在能量充沛，更加活跃，并可以制造出新型的蛋白质，从而成为生命史上又一次重大变化的先驱。

新的细胞，即超级蛋白质工厂，为另一种新生命形式的崛起奠定了基础。

再次结合

地球上的每一个动植物的身体都由许多细胞组成：回想一下，秀丽隐杆线虫全身大约有1 000个细胞，而人类的身体则由4万亿个细胞组成。尽管细胞数量差异很大，但这些躯体有着非常深远和古老的相似之处。

化石记录中最早的动物躯体看起来并不相似。这些化石发现于澳大利亚、纳米比亚和格陵兰岛6亿多年前的岩石中，仅仅是一些印痕，岩石内部的实体早已被侵蚀掉了。这些化石大小不等，小的像硬币，大的像餐盘，外形呈带状、叶状或盘状。尽管形状并不吸引人，但大家都很好奇它们到底是如何产生的。这些是最早的多细胞生物化石，曾是真正拥有躯体的生命。躯体本身就是地球上一种全新的生命形式。

哲学家对个体是什么有不同的定义，但是从最基本的意义上说，个体分前后，有生死，并且可以自我繁殖。重要的是，它们内部的各个不同部分协同工作，形成一个完整的整体。我们每个人都是个体，因为我们的身体像其他植物和动物的身体一样，具有所有这些特性。此外，我们的身体能够保持健康，是因为各个组成部分协同工作，形成更大的整体。例如，数万亿神经细胞共同构成了大脑，但是将它们简单列出永远无法告诉人们思想、感受和记忆是如何形成的。大脑可以产生思想，而单个神经元则不能。思想是来自数十亿有组织的神经细胞的一种高级特性。

从另一个角度讲，体内不同的细胞也是个体。每个细胞都有诞生和死亡。每个细胞也都能自我繁殖，每个细胞内部也都有相互合作的各个部分。但是请注意，人体包含将近4万亿个细胞，这些细胞形成器官，每个器官具有自己的大小、形状和位置。细胞需要定期增殖和死亡，以保证心脏、肝脏和肠道等器官在人体内的适当位置维持正确的大小。细胞的协调使躯体成为可能。细胞不单独行动；生物躯体会调节它们的生长、死亡和活动。通过控制它们在适当的时间增殖和死亡，躯体内部的细胞可以自我牺牲以实现更高的利益，即身体的整体功能协调。

一种特殊的分子机制使细胞能够协同工作并实现躯体整体功能。不同的细胞必须能够附着在一起。如果细胞不能精确地互相附着，就很难拥有一个坚固的躯体。例如，皮肤细胞具有特殊的机械性能，可以相互结合，形成薄片状组织。它们合成胶原蛋白、角蛋白以及其他蛋白质，从而赋予组织独特的性能。最后，躯体中的细胞需要相互交流，协调增殖、凋亡和基因表达。同样地，蛋白质在这里发挥了作用：不同的蛋白质将信息传递给细胞，告诉细胞何时何地分裂、死亡或合成更多的蛋白质。

使这些功能成为可能的遗传机制是我们在第5章中讨论过的基因家族。家族中的每个基因产生的蛋白质与其“表亲”略有不同。例如，一类叫作钙黏着蛋白的蛋白质存在于100种不同类型的细胞中，每种细胞都对应着不同类型的组织（皮肤、神经、骨骼等）。这些蛋白质既可以维持细胞聚集在一起——就像在皮肤中一样，也可以作为细胞进行化学通信的一种信号，告诉彼此何时分裂、死亡或制造其他蛋白质。

重要的是，制造这些蛋白质对于细胞而言是代价高昂的，因为合成和组装蛋白质需要大量的代谢能量。这就是为什么没有马古利斯设想的新型细胞，躯体就不可能产生。她设想的细胞合并将一个强大的动力源与一个蛋白质制造者结合在一起。现在，这种嵌合体细胞具有足够的能量和DNA，可以合成多种蛋白质，从而使躯体的演化成为可能。它可以附着到其他细胞上，与它们交流，并表现出新的行为方式。

在数十亿年的演化历程中，我们目睹了日益复杂的生命逐渐出现：新的生命形式（具有细胞器的细胞）起源，使另一种生命形式（多细胞生物）的出现成为可能。

这种起源顺序带来了一个问题：躯体是如何产生的？

我在伯克利的同事妮科尔·金致力于研究一种特殊的单细胞生物。这是一种微生物，形状像一个软心豆粒糖。与众不同的是，从它们细胞的一端直直地伸出一圈鞭毛，就像受惊的修道士的头发。金亲切地称之为领鞭虫，它们非常独特。人们在10年前对领鞭虫进行了基因测序，并与动物和其他单细胞生物进行了比较。结果发现，领鞭虫是与多细胞动物亲缘最近的单细胞生物。这种关系意味着它们可能为身体的起源机制提供线索。

领鞭虫还具有另外一个重要特征。它们一生中的大部分时间都自由游泳生活，轻快地晃动鞭毛前进。然而，在某个特殊的时间，开关突然关闭了，它们聚集在一起形成细胞丛。这些群体形似花朵，由10个或更多原本独自生活的领鞭虫相互附着形成。从单细胞生物到多细胞群体，演化中经历了数十亿年的过程在瞬间就发生了。

金可能曾接受过分子生物学的训练，但她的思维方式很像古生物学家。就像化石猎人看着现存的生物思考它们的祖先可能是什么一样，金对躯体的形成过程也是如此。她想知道，构建躯体所必需的分子机制是什么，它们是从哪里来的？

正如我们所看到的那样，如果细胞合成特殊的蛋白质来构建躯体，那么探索这些分子是如何起源的，就可以找到有关身体起源的线索。现在，通过对领鞭虫、细菌等各种微生物进行基因测序，基因组为我们揭示了答案。科学家可以在计算机数据库中查看生物的基因组，确切地知道它们可以产生什么样的蛋白质。

对领鞭虫的基因组测序揭示了一个不可思议的事实。这个单细胞生物中已经存在许多用于构建躯体的蛋白质了。他们利用这些蛋白质形成细胞丛，或者寻找和吞噬食物。金等人根据这一事实开始了更广泛的探索，观察了各种微生物的基因组，结果得到了我们先前看到过的一种演化模式。

金和她的同事们发现，胶原蛋白、钙黏着蛋白等复杂生物用来构建躯体的蛋白质，已经存在于各种单细胞生物中了，从简单的细菌到拥有细胞器的复杂真核单细胞生物都是如此。如果这些蛋白质不用来构建躯体，那么它们将做何用途呢？研究发现，单细胞生物用这些蛋白质捕捉猎物；或者粘附在环境中的某处，用这些蛋白质来逃避捕食者；还可以将这些蛋白质作为化学信号，相互交流。适应生活环境的微生物合成了化学前体，后来的动物用这些化学物质来建造躯体。多细胞生命之所以成为可能，是因为它们重新利用了分子的新组合，突破了单细胞生命中的原始功能。用于构建躯体的伟大发明其实早于躯体本身的起源。

最近，金发现了领鞭虫集合体的形成诱因。当领鞭虫发现自己面对某种特定细菌时，它们就开始合成一种能使它们聚集成团的蛋白质。我们不知道为什么细菌会触发这种反应，可能细菌中有某种触发聚集行为的化学信号。但是，观察的结果很有趣：单细胞生物不仅能够合成构建躯体的原材料，还可能诱导了这些材料的产生。

躯体的出现既是可能也需要机会。在躯体第一次出现于化石记录中之前，构建躯体所需的机制已经存在了亿万年。10亿年前，丰富的氧气创造了一个新的世界，为将要茁壮成长的生物做好了准备。随着大气中氧气含量升高，能够代谢氧气的生物可以产生更多能量满足生活所需。马古利斯的新型细胞已经可以利用这种能量。由于细胞具有以氧气为燃料的动力源，大规模合成构建躯体所需的蛋白质才能够实现。而这样充足的燃料在10亿年前就已经准备好了。

部分与整体

躯体的构建方式很像俄罗斯套娃：身体包含器官，器官包含组织，组织由具有细胞器的细胞构成，而所有这些都含有基因。在数十亿年的演化历史中，不同的部分放弃了自己的个性，成为更大的整体的一部分。自由生活的微生物结合在一起，形成了一种新型细胞。新的细胞具有特殊的性能，可以实现另一种新的组合，即多细胞的躯体，随之而来的是由越来越复杂的部分构成的越来越复杂的个体。

各个组成部分的高度协调是躯体和细胞正常运作的基础。但是，在这个秩序之下则是刺耳的杂音。协调躯体的各个部分意味着要协调不同细胞和基因组各个部分之间相互矛盾的利益。体内的不同基因、细胞器和细胞总是在不断增殖。如果任其发展，那么有一个部分将会占据上风。躯体的各个部分行为自私，试图无限繁殖。部分与整体需求的冲突事关健康、疾病和演化，结果可能启迪发明，也可能通向灾难。

想象一下，一个独立的细胞只知道疯狂地分裂和繁殖，并没有在适当的时间或位置死亡，像这样的细胞将会占据并损坏身体。实际上，这就是癌症的作用方式：癌细胞打破规则，自私地运行，其增殖与凋亡都与身体的整体需求相违背。

癌症揭示了部分与整体之间的基本矛盾，即构成躯体的部件与躯体整体之间的矛盾。如果部件出于自身的短期利益无限地分裂，就会导致躯体崩溃。癌症是一种基因突变所致疾病，突变会不断累积并导致细胞过快增殖或无法正常凋亡。作为响应，躯体形成了防御机制，例如免疫应答，可以除去行为异常的细胞。当这些检查点和防御措施最终崩溃，而细胞的行为不再可控时，癌症将致命。

基因组内部也存在类似的冲突。芭芭拉·麦克林托克发现的跳跃基因之所以存在，就是为了自我复制，就像癌细胞一样。躯体内部的战争存在于想要疯狂增殖的自私部件与整体之间。基因组挣扎着纳入自私的元素，病毒不断入侵，以及数以万计的细胞不断运转以保持躯体的机能正常运行，因此多细胞动物的躯体是在不同时间、不同地方出现的各个部件的联合体。这些部件或冲突或合作，随着时间推移发生了变化，为演化提供了动力。

由于部件及其相互作用的方式丰富多样，躯体得以演化产生并以新的方式发生变化。

调酒术

轮子在地球上已经存在了约6 000年，手提箱已经存在了几百年。带轮子的手提箱则是几十年前才发明出来的，它改变了许多旅人的生活。每次走过机场，我都会赞叹新的组合带来了革命性发明。

马古利斯研究的细胞器揭示了组合作为自然界中发明来源的力量。如果一个生物类群没有独自发明某些特征，而是获得了另一个物种的特征，会怎么样？在我们的单细胞生物祖先中，为细胞提供动力的线粒体并非来自对细胞自身基因组的改造，而是出现于其他生物中，然后在那些古老细菌与我们的单细胞祖先相融合时，被吸收并重新利用。同样地，基因组在数百万年被病毒侵染的过程中，获得了制造新蛋白质的能力。当这些病毒被我们的祖先改换用途时，新的分子就形成了，帮助妊娠和记忆能力的发展。

性状可以出现于一个物种，而被另一物种借用、偷取和修改，然后供给新的用途。宿主可以继承已有的发明，而不必自己重新构建。部件的组合以及从中产生的新个体，可以为演化提供机会。

数十亿年以来，生命一直以单细胞的形式存在。新的发明出现在生物代谢周围能量和化学物质的方式中。单细胞生物很渺小，而复杂生命形式的出现带来了制造蛋白质、移动和进食的新方式。拥有躯体的生物（动物、植物和真菌）在地球上出现得较晚，构成它们的细胞都是由不同个体合并而来。躯体的出现开辟了一种新的演化方式。这些生物的躯体由许多细胞构成，细胞器为每个细胞提供动力。多细胞生物可以长得更大，并能够发育出新的组织和器官。演化最终形成了多种多样的组织和器官，帮助动物飞得更高，潜得更深，甚至设计出卫星去探测太阳系的边缘。

适应未来

组合、借用和重新利用其他物种的技术和发明，构成了我们数十亿年的演化史，而这也将是我们未来的一部分。

1993年，西班牙微生物学家弗朗西斯科·莫伊卡在西班牙南部的白岸地区研究盐沼，希望了解细菌如何在盐分极高的栖息地中繁衍生息。基因组中的某种东西使这些细菌能够抵抗对大多数物种来说致命的环境。他花费近10年的时间进行了一系列的研究，对它们的基因组进行了测序，发现了令人费解的特征。这些细菌的大多数DNA具有不同碱基构成的标准细菌序列。但是在少数位置，短的DNA片段形成了一种回文，正序和倒序的碱基排列相同，就像“Hannah”这个名字一样，只不过把字母换成了A、T、G和C四种碱基。此外，一个回文与另一个回文均匀地隔开，形成一种重复的模式：回文序列、其他序列、回文序列和另一个其他序列。实际上，日本的一个实验室在大约10年前就已经识别出了这些回文序列，这也是科学领域多发性现象的一个例子。

莫伊卡认为这种特殊序列不是随机产生的，于是他尝试在其他细菌中寻找这种奇怪的序列模式。结果，他惊讶地发现回文序列非常普遍，存在于20多个物种中。这种独特且广泛存在的基因组模式必定具有某种功能，可能是什么功能呢？

那时，莫伊卡已在西班牙建立了自己的实验室，但缺乏足够的资金来进行测序或任何高科技的实验室工作。资金的匮乏并没有阻止他探索的脚步。他利用台式电脑、一些文字处理软件和在线基因数据库开展工作。他在数据库中输入回文序列和分割回文的其他序列，查看它们可能出现的其他位置。他找到了一些存在此类序列的其他位点，并不是在其他细菌中，最契合它们的位置是在一种病毒里——正是该细菌对其产生了抗性的一种病毒。他艰难地继续工作，又分析了分隔回文序列的88个间隔序列，发现其中2/3以上符合该细菌有抵抗力的病毒。这些区域似乎在保护细菌免受病毒侵染。

莫伊卡提出了一个大胆但未经检验的假设：这种回文分隔序列系统是细菌用来抵抗病毒的武器。他把这一想法写成文章，提交给一些重要的期刊。一个期刊直接拒绝了他，甚至没有将文章发送给同行评审。另一期刊以缺乏“新颖性或重要性”将文章退回。被拒稿5次以后，这项工作终于发表在一份关于分子演化的杂志上。同年，法国的一家实验室采用略微不同的方法，独立发表了相同的观点。

然后，其他实验室也加入其中。细菌的防御系统可以为酸奶行业带来福音，因为制造酸奶的细菌的培养过程深受病毒侵染的困扰。有了这种动力，研究人员很快就证明了该系统是细菌与病毒进行军备竞赛而演变来的，并且结果令人信服。病毒会攻击细菌以及人类，我们通过免疫系统抵御大多数病毒入侵。细菌的这一机制也赋予了它们某种免疫力。这种机制利用了一种分子向导和分子手术刀：回文序列充当向导，帮助分子手术刀定位并切除病毒DNA，使其无害。这是一种抵御病毒感染、分裂和接管其他基因组行为的机制。

这些发现被报道之后，世界各地的许多实验室都对“分子手术刀”（被称为Cas9）进行了开创性研究，寻找如何利用该系统来编辑病毒以外的其他生物的DNA。数月之内，就有好几篇论文接连提交给了科学期刊，描述了修改这种细菌系统以用于其他物种的方法。这项名为CRISPR-Cas的技术（尼帕姆·帕特尔用来改变钩虾附肢的就是这种技术）就是基因组编辑（一种现在广为人知的技术，可以编辑植物、动物和人类的基因组，从农业到健康的所有方面都可以从中受益）的基础。而这仅仅是一个开始：几乎每个月都有更加精确、快速和高效的精致技术开发出来。

这项技术可以在一夜之间重写部分基因组，而在演化史上，这些变化需要花费数百万年的时间。尽管该技术还处于早期阶段，相关新闻经常有宣传过度的成分，但我们显然已经可以快速且廉价地重写动植物的部分基因组。我的实验室将这种技术应用到了鱼类中，使用的是最粗略的方式：敲除基因。其他实验室已经能够剪切和粘贴整段基因组，将基因及其开关从一个物种转移到另一个物种，或从一个个体转移到另一个个体。

发现CRISPR-Cas基因组编辑技术的过程，遵循了40亿年的演化发明的一条老路。带来新技术革命的突破并非发生在我们所设想的地方（动植物的基因组编辑），而是发生在另一个地方——研究盐水生态系统。随之而来的是一条错综复杂的发现之路，生活在同一个发现环境中的多个发明者同时提出了相似的观点，结合了各种科技，才最终形成了基因编辑技术。就像在生物发明中一样，其中的关键是将一个物种（细菌）的发明稍加修改，供其他物种（比如我们自己）使用。CRISPR-Cas技术的开发是数百名高级和初级科学家并肩工作的成果。历史的古怪、多发性以及众多意外先例使这个故事非常适合一个职业——律师。事实上，专利之争正是解密CRISPR-Cas研发历史的核心。

我们有意识的大脑实现了细胞和基因组独立进行了数十亿年的事情，这一观念具有某种崇高的意义。我们运用和修改了一种生物（细菌）的发明来改变其他生物，而这些生物发明的大脑本身也在一定程度上由改换用途的病毒蛋白组成，并由原本自由生活的细菌提供动力。新的结合可以改变世界。

结语

2018年圣诞节那天的早上，暴风雪肆虐，我大部分时间都被困在帐篷里。天气晴朗之后，我爬上了营地上方的山脊，伸展腿脚。每走一步，我的身心都越发自由。最终，我发现自己站在南极洲横贯山区里奇山的山顶上，周围是一块比美国本土还大的冰雪高原。我们的研究小组希望寻找的，是比在北极附近发现的提塔利克鱼更古老的化石，那是一些最早的有骨骼的鱼类。根据含有此类化石的正确岩石类型和年龄，我们来到了南极洲的这片山脉。

在这里，山峰的尖顶从冰川中穿刺而出，露出一层深色的岩石，与周围大片的白色冰雪形成鲜明的对比。层层叠叠的红色、棕色和绿色的岩石保存着地球和生命4亿年的历史。岩石内部的结构表明，这个极地地区曾经是与亚马孙河面积相仿的巨大热带三角洲，后来发生了剧烈的火山活动。生命也对改变这里的环境做出了贡献。底部的岩石大约有4亿年的历史，主要包含鱼类化石；而顶部的岩石则有2亿年的历史，其中的化石反映了当时各种爬行动物构成的生态系统。

远远望去，地层清晰可见，很容易让人联想到一种有序发展的演化变迁。在全球尺度下，含有最早微生物化石的岩层位于含有最早动物化石的岩层之下，含有最早鱼类化石的岩层位于含有两栖动物化石的岩层之下，而含有最早两栖动物化石的岩层位于含有最早爬行动物化石的岩层之下，依此类推。

我们总是试图用自己的偏见填补知识上的空白，这种偏见通常综合了希望、期望或恐惧。我们的思想倾向于将过去的各个事件联系起来构建一个线性发展的故事，其中的一个变化带来另一个变化。我们都看过关于人类演化的漫画，从猴子到猿类再到人依次排列，展示了从众多四足行走生物到两足行走生物的演化历程。这种描绘通常是讽刺性的，演化的结束是一个人坐在沙发上观看《辛普森一家》或专心地玩着手机。这种历史观根深蒂固。你曾多少次听到“缺失的一环”这个词语，就好像有一条巨大的演化链，其中一个环节必然通向另一个环节，又或者缺失的环节看起来像祖先及其后代特征的结合？

没错儿，在化石记录中，第一条鱼的出现早于第一个陆生脊椎动物。但是，正如我们已经看到的那样，我们对不同动物的化石、胚胎和DNA研究得越多就越发现，许多使得动物可以在陆地生活的变化产生于鱼类在水中生活的时期。生命史上的每一次重大变革都遵循相同的路线。事情并非始于我们认为它们开始的时候：祖先比我们想象中出现的时间更早，出现的位置也与想象中不同。150多年前，达尔文在回应圣乔治·杰克逊·米瓦特的质疑时就已经知道，这几乎是生命演化史的唯一发展方式。

达尔文不了解DNA，也不了解细胞的运作方式，更不了解在胚胎发育过程中遗传物质如何构建了躯体。DNA不断扭曲、旋转，与自身和外部入侵者交战，为演化变革提供了动力。我们的基因组中有10%由古老的病毒组成，另外至少60%是由疯狂的跳跃基因构成的重复单元，只有2%是我们自己独有的基因。随着不同物种的细胞和遗传物质融合，以及基因不断重复和改换用途，生命演化的历程就像一条蜿蜒曲折的河流，而不是一条笔直的大道。大自然母亲就像一个懒惰的面包师，通过对古老的食谱和成分进行复制、修改、改换用途和重新安排，制作各种令人迷惑的调配食物。就这样，通过亿万年的加装、复制和增补，单细胞微生物的后代已经遍布地球上的每种生境，甚至登上了月球。

我会不时回看30年前开启我的职业生涯的那幅漫画：一个箭头将鱼与两栖动物相连。现在这张图看来很奇怪，甚至让人感觉幼稚，显示了我们对基因组、病毒入侵者或躯体的构建基因不甚了解之时的演化生物学。彼时，我们还不知道我和我的同事将在2004年发现的四足鱼类，也不知道最近才发现的其他化石，这些化石告诉了我们生命史上的其他一些重大事件。我们正在进行的科学研究，在几十年前是做梦都无法想象的。就像生命史一样，科学发现也充满了意想不到的扭曲、转折、死胡同和机会，正是这些改变了我们看待周围世界的方式。我们用来探究自然多样性的那些想法，本就是我们的前辈在几十年甚至几百年前就已经想到的，只不过是经过了修改和变换了用途。

诗人威廉·布莱克曾写道：“一沙一世界，一花一天堂。”当你知道了方法，你就可以在所有现存生物的器官、细胞和DNA中看到数十亿年的生命演化历史，尽情享受我们与这地球上其他生命千丝万缕的联系。

拓展阅读与补充信息

关于生命史和地球的通俗介绍书籍很多。理查德·福提是一位出色的古生物学家，也是一位才华横溢的作家，他曾撰写过两本内容宽泛的书——《生命简史》和*Earth: An Intimate History*（New York：Vintage, 2005）。理查德·道金斯反向研究了生命树，叙述了物种如何随时间变化，并在《祖先的故事》中描述了我们用来重建生命史的工具。有关生命早期演化史的引人注目的丰富信息包括Andrew Knoll的*Life on a Young Planet: The First Three Billion Years of Evolution on Earth*"（Princeton, NJ: Princeton University Press, 2004），尼克·莱恩的《复杂生命的起源》和J. William Schopf的*Cradle of Life: The Discovery of Earth's Earlist Fossils*（Princeton, NJ: Princeton Vniversity Press, 1999）。有关化石记录的生动全面的历史，请参见Brian Switek"*Written in Stone: Evolution, the Fossil Record, and Our Place in Nature*"（New York: Bellvue Literary Press, 2010）。

过去的几年中也有许多关于基因学和遗传学的优秀通俗书

籍出版，包括悉达多·穆克吉的《基因传》、亚当·卢瑟福的《我们人类的基因》和卡尔·齐默的*She Has Her Mother's Laugh: The Powers, Perversions, and Potential of Heredity*（New York: Dutton, 2018）。有关分子演化及许多相关新观点的生动描述，请参阅David Quammen的*The Tangled Tree: A Radical New History of Life*（New York: Simon and Schuster, 2018）。

引言

关于"有手的鱼类、长脚的蛇类以及直立行走的猿类"的参考资料，请参见N. Shubin et al., "The Pectoral Fin of Tiktaalik roseae and the Origin of the Tetrapod Limb," *Nature* 440 (2006): 764–771; D. Martil et al., "A Four-Legged Snake from the Early Cretaceous of Gondwana," *Science* 349 (2015): 416–419; T. D. White et al., "Neither Chimpanzee nor Human, Ardipithecus Reveals the Surprising Ancestry of Both," *Proceedings of the National Academy of Sciences* 112 (2015): 4877–4884。

第1章

该课程由已故的小法里什·A. 詹金斯教授讲授，他后来成为我的良师益友，并一同参加了探险队。正是在这次探险中，我们发现了提塔利克鱼。那幅激发我灵感的漫画来自一本讲述脊椎动物演化史上重大转变的小书——伦纳德·拉丁斯基的*The Evolution Of Vertebrate Design*（Chicago: University of Chicago Press, 1987）。小法里什与拉丁斯基是密友，后者曾与他分享了莎伦·爱默生为该书创作的插图草稿。巧合的是，拉丁斯基也是我的前辈，曾担任芝加哥大学解剖学系主任。在读研究生的时候，我还不知道这幅漫画会让我在几十年后追随他的脚步。

莉莲·赫尔曼的名言来自她的自传*An Unfinished Woman: A Memoir*（New York: Penguin, 1972）。她所表达的观点翻译成生物学术语意思是扩展适应和预适应。斯蒂芬·杰伊·古尔德和伊丽莎白·沃巴曾撰文讨论过它们之间的微妙区别，参见“Exaptation—A Missing Term in the Science of Form,” *Paleobiology* 8 (1982): 4–15。另请参见 W. J. Bock, “Preadaptation and Multiple Evolutionary Pathways,” *Evolution* 13 (1959): 194–211。这两篇重要论文都列出了许多示例。

圣乔治·杰克逊·米瓦特的历史取材自J. W. Gruber的*A Conscience in Conflict: The Life of St. George Jackson Mivart*（New York: Temple University Publications, Columbia University Press, 1960）。米瓦特于1871年出版的《物种产生》一书可在线获取，网址为https://archive.org/details/a593007300mivauoft。

达尔文的《物种起源》第六版也可在线访问，网址为https://www.gutenberg.org/files/2009/2009-h/2009-h.htm。

古尔德对“2%的翅膀问题”的观点选自他的文章“Not Necessarily A Wing,” *Natural History* (October 1985)。

对圣伊莱尔生活和工作的叙述来自H. Le Guyader的著作*Geoffroy Saint-Hilaire: A visionary naturalist* (Chicago: University of Chicago Press, 2004)和P. Humphries的文章“Blind Ambition: Geoffroy St-Hilaire’s Theory of Everything”, *Endeavor* 31 (2007): 134–139。

澳大利亚肺鱼的原始描述载于A. Gunther, “Description of *Ceratodus*, a Genus of Ganoid Fishes, Recently Discovered in Rivers of Queensland, Australia,” *Philosophical Transactions of the Royal Society of London* 161 (1870–71): 377–379。该发现的历史请参阅A. Kemp，“The Biology of the Australian Lungfish, *Neoceratodus forsteri* (Krefft, 1870)”, *Journal of Morphology Supplement* 1 (1986): 181–198。

鱼鳔与肺的发育和演化关系，参见Bashford Dean的*Fishes, Living and Fossil* (New York: Macmillan, 1895)一书。纽约大都会博物馆盔甲藏品目录，见http://libmma .contentdm.oclc.org/cdm/ref/collection/p15324coll10/id/17498。关于他的生活与工作概况，见https://hyperallergic.com/102513/ the-eccentric-fish-enthusiast-who-brought-armor-to-the-met/。

对呼吸空气的分析请参阅 K. F. Liem，“Form and Function of Lungs: The Evolution of Air Breathing Mechanisms,” *American Zoologist* 28 (1988): 739–759；以及Jeffrey B. Graham的*Air-Breathing Fishes* (San Diego: Academic Press, 1997)一书。二者都展示了硬骨鱼类中原始肺的情况，并将鱼鳔与肺进行了对比。

最近对鱼鳔和肺的基因对比揭示了二者之间的深层相似性，请参阅A. N. Cass et al., “Expression of a Lung Developmental Cassette in the Adult and Developing Zebrafish Swim- bladder,” *Evolution and Development* 15 (2013): 119–132。迪安及其同代人将为此感到自豪。

贡纳尔·塞维·索德伯格时年22岁，正带领一小队地质学家在该地区寻找化石。这种化石狩猎是相对简单且低技术含量的事情。每天，团队成员会分散在岩层上，寻找表面风化露出的骨骼。一旦发现化石碎片，他们就会追踪这些碎片，确定它们来自哪个岩层。近80年后，我的团队利用同样的方法在加拿大北极地区找到了提塔利克鱼。

塞维·索德伯格在寻找最早在陆地上行走的动物。当时，在约3.65亿年前的泥盆纪岩石中，还没有人发现过任何四足动物的痕迹。他的目标是在更古老的岩石中找到像鱼的两栖动物，那是一个模糊了鱼类和两栖动物之间界限的物种。

塞维·索德伯格的精力异常充沛。他会工作到深夜，走到很远的地方去寻找化石。他还非常自信。悲观主义者是找不到化石的；你必须相信岩石中存在化石，值得花费漫长的时间并经历多次失败才能找到它们。每天，他的团队会将发现的化石分别放在两个盒子中：P代表鱼，A代表两栖动物。这是一个大胆的举动。没有人在这个时代的岩石中发现过两栖动物。可以想象，在1929年的野外季中，鱼类箱子里装满了化石，而两栖动物箱子仍然空着。

这个野外季工作快结束时的一天，塞维·索德伯格在Celsius Berg的碎石堆中发现了许多形状奇特的骨骼碎片（Celsius Berg是位于东格陵兰海冰架附近的深红色小山）。他收集了10多块骨骼，这些骨骼都埋在岩石中，因此大部分结构都看不到。根据石板上的凹凸特征，这些骨骼看起来属于当时已知的一些鱼类化石，应当被放在鱼箱子里。显然，它们源自头骨，但又太平坦，不属于当时已知的任何鱼类。因此，塞维·索德伯格认为它们可能是两栖动物。作为一个乐观主义者，他把它们扔进了两栖动物箱子。

返回瑞典后，塞维·索德伯格开始了艰苦的工作，一点儿一点儿地将包围着骨骼化石的岩石去除。完全暴露后的化石揭示了一个真正的奇迹。这个动物的身体看起来像一条鱼，但是它的头像两栖动物那样形状扁平，有着长长的吻部。果然，塞维·索德伯格发现了早期的两栖动物。

这些化石出名了。塞维·索德伯格本来也将闻名于世，却不幸因结核病英年早逝，享年不到30岁。

塞维·索德伯格的故事由他的同事和朋友埃里克·亚尔维克讲述。亚尔维克是早期探险队员之一，他在关于*Ichthyostega*（鱼石螈，最早发现的泥盆纪四足动物之一）的重要著述“The Devonian Tetrapod *Ichthyostega*,” *Fossils and Strata 40* (1996): 1–212中介绍了格陵兰探险的简要历史。随后，在卡尔·齐默《在水的边缘》一书中，作者以浅显易懂的方式介绍了塞维·索德伯格、亚尔维克以及该领域的研究历史。

在塞维·索德伯格发现化石的50年后，我来自剑桥大学的同事詹妮·克拉克又回到了Celsius Berg等索德伯格曾经工作过的地点，以崭新的眼光再次审视这片土地。她的古生物学团队熟知塞维·索德伯格的发现和记录，他们的目标是找到塞维·索德伯格未曾收集到的骨骼部分。尽管鱼石螈的化石很出名，但其实它的附肢尚未被找到。克拉克劈开一块又一块岩石，试图寻找到遗失的真相。有了合适的团队、良好的天气，并坚信化石就藏在这些岩石中，她最终找到了大量的化石，这些化石具有保存完好的四肢骨骼。

这些附肢骨骼正是一块肱骨、两块尺骨和桡骨以及多块指（趾）骨的构成模式，与其他哺乳动物、鸟类、两栖动物和爬行动物一样。惊喜就在四肢上。这些动物的手指和脚趾都超过了5根：它们有多达8根指（趾）头。多余的指（趾）使它们的四肢宽阔又平坦。从肢骨之间的比例到每块骨骼上的肌肉疤痕，所有一切都暗示着这些四肢被用作划水的桨。整个附肢更像是鳍而不是手。

这与达尔文的5个字有什么关系？最早有手指和脚趾的四足动物不是用它们在陆地上行走，而是用于划水或越过浅水的沼泽和溪流。与肺一样，这些陆地生物的伟大发明的最早用途不是生活在陆地上，而是以新的方式在水中使用。这种器官起源于一种环境，重大的转变（向新环境的转变）源自将其重新用于新的功能。

克拉克的权威著作*Gaining Ground: The Origin and Evolution*

of Tetrapods (Bloomington: Indiana University Press, 2012) 是她一生致力于四足动物起源研究的成果，她将该领域带入了现代时代。她的书既包括科学知识，又有这一领域的研究历史，还有她在格陵兰岛泥盆纪化石点工作的重要记录。

在现生和灭绝动物中，肺、前肢、肘部和腕部都首先出现在水生动物中。从水中生活到陆地生活的重要革新并不涉及新的发明，而是改变了数百万年前就已经出现的发明。

如果历史是单一路径的演变，一步必然导向下一步，每一步都伴随某个功能的逐步变化，那么重大的转变将不可能发生。每一个重大转变需要等待的不是一个发明的出现，而是一整套发明一齐出现。另一方面，如果发明都已经就位，那么只需要稍微调整，简单地改换用途就可以打开转变的新大门。这种转变的能力就是达尔文的5个字所传达的力量。

知道了远古的水生生物有肺、手臂、手腕甚至手指，我们对鱼类登上陆地的疑问发生了变化。我们不再疑惑于“生物如何登上陆地”，取而代之的问题是“在地球生命演化史上，这种变化为什么不能更快地发生”。

线索还是隐藏在岩石中。几十亿年来，地球上的所有岩层中都缺失一样东西。从40亿年前至约4亿年前的岩石中埋藏着广阔的海洋和狭窄的海道的证据，以及陆地上能够搬运大小石块的河流的证据。但重要的是，关于陆地植物的证据不在其中。

植物死亡后会腐烂，形成土壤；植物的根系能够保持水土。想象一个没有陆地植物的世界，这将是一个贫瘠、多石的世界，没有土壤，也没有任何动物可以吃的食物。

陆地植物最早出现在大约4亿年前的化石记录中，此后不久便出现了类似昆虫的生物。植物的出现创造了一个全新的世界，在这个世界中昆虫可以繁衍。一些化石植物的叶子上可以见到一些损坏，暗示它们曾被这些早期的昆虫啃食。植物在陆地上死亡、腐烂，产生碎屑，进一步产生土壤，使浅溪和池塘能够成为鱼类和两栖动物的栖息地。

有肺的鱼类没有早于3.75亿年前登陆的原因是，在那之前陆地都不适合居住。植物以及跟随它们登陆的昆虫改变了一切。直到那时，有能力在土地上短暂停留的任何鱼类都可以养护这种生态系统。只有当新的环境出现时，我们遥远的鱼类祖先才可以使用早已出现的器官来迈出陆地上的第一步。时间就是一切。

最近的地质研究展示了植物如何改变世界，最显著的是植物登陆如何改变了泥盆纪河流的性质。有根植物促进了土壤的形成，为浅水溪流塑造了稳定的堤岸。有关进一步的讨论和分析，请参阅M. R. Gibling and N. S. Davies，“Palaeozoic Landscapes Shaped by Plant Evolution,” *Nature Geoscience* 5 (2012): 99–105。

有关恐龙演化及与鸟类关系的概述，以及恐龙科学家的报道，请参阅Lowell Dingus and Timothy Rowe, *The Mistaken Extinction* (New York: W. H. Freeman, 1998)，史蒂夫·布鲁萨特《恐龙的兴衰》，Mark Norell and Mick Ellison, *Unearthing the Dragon* (New York: Pi Press, 2005)。

赫胥黎对始祖鸟和鸟类起源的研究，请参阅Riley Black,

"Thomas Henry Huxley and the Dinobirds," *Smithsonian* (December 2010)。

关于诺普萨丰富多彩的生活和开创性的研究成果，请参阅 E. H. Colbert, *The Great Dinosaur Hunters and Their Discoveries* (New York: Dover, 1984); Vanessa Veselka, "History Forgot This Rogue Aristocrat Who Discovered Dinosaurs and Died Penniless," *Smithsonian* (July 2016); David Weishampel and Wolf-Ernst Reif, "The Work of Franz Baron Nopcsa (1877–1933): Dinosaurs, Evolution, and Theoretical Tectonics," *Jahrbuch der Geologischen Anstalt* 127 (1984): 187–203。

20世纪六七十年代，约翰·奥斯特罗姆发表了大量的研究成果，包括他对恐爪龙的正式描述，参阅J. Ostrom, "Osteology of *Deinonychus antirrhopus*, an Unusual Theropod from the Lower Cretaceous of Montana," *Bulletin of the Peabody Museum of Natural History* 30 (1969): 1–165和后来发表的J. Ostrom, "Archaeopteryx and the Origin of Birds," *Biological Journal of the Linnaean Society* 8 (1976): 91–182; 以及J. Ostrom, "The Ancestry of Birds," *Nature* 242 (1973): 136–139. 关于奥斯特罗姆科学贡献的汇总，请参阅 Richard Conniff, "The Man Who Saved the Dinosaurs," *Yale Alumni Magazine* (July 2014)。

近期关于特征起源的研究跨越了古生物学和发育生物学， 参 阅R. Prum and A. Brush, "Which Came First, the Feather or the Bird?," *Scientific American* 288 (2014): 84–93;以及 R. O. Prum,

"Evolution of the Morphological Innovations of Feathers," *Journal of Exper imental Zoology* 304B (2005): 570 –579。

第2章

杜美瑞故事的重点在于他一开始的惊讶和最终将问题解决。在此之后，他培育了一个美西螈种群，并慷慨地将它们赠予任何想要的人。现在，其中的一些后代很可能还生活在世界上的某个实验室里。如果你想知道更多相关信息，请参阅G. Malacinski, "The Mexican Axolotl, *Ambystoma mexicanum*: Its Biology and Developmental Genetics, and Its Autonomous Cell-Lethal Genes," *American Zoologist* 18 (1978): 195–206。杜美瑞的一些早期工作请参阅M. Auguste Duméril, "On the Development of the Axolotl," *Annals and Magazine of Natural History* 17 (1866): 156–157，以及"Experiments on the Axolotl," *Annals and Magazine of Natural History* 20 (1867): 446–449。

胚胎学研究领域有一些推动了行业发展的好书，包括Michael Barresi and Scott Gilbert, *Developmental Biology* (New York: Sinauer Associates, 2016)， 以 及Lewis Wolpert and Cheryll Tickle, *Principles of Development* (New York: Oxford University Press, 2010)。

我对冯·贝尔（包括他对胚胎标本的错误识别和引用）和潘德的叙述是根据罗伯特·理查兹的历史著作，该著作可在线获得，网址为home.uchicago.edu/~rjr6/articles/ von%20Baer.doc。

斯蒂芬·杰伊·古尔德*Ontogeny and Phylogeny* (Cambridge, MA: Belknap Press, 1985)一书的前半部分是关于胚胎学研究的历史，涵盖了冯·贝尔、海克尔和杜美瑞的研究成果。还有一篇简短的评论文章是绝佳的延续：B. K. Hall, “Balfour, Garstang and deBeer: The First Century of Evolutionary Embryology,” *American Zoologist* 40 (2000): 718–728。

多年以来，虽然许多人都曾在学校里学习过海克尔的观点，但该领域的科学家一直对他非爱即憎：有些人是他的追随者，而另一些人（例如加斯坦）则认为他是个骗子。如Robert Richards的*The Tragic Sense of Life: Ernst Haeckel and the Struggle over Evolutionary Thought* (Chicago: University of Chicago Press, 2008)中所述，近来的历史有各种各样的观点。最近的一些胚胎学家认为，海克尔的一些原始图表是为了强调他的主要观点，请参阅M. K. Richardson et al., “Haeckel, Embryos and Evolution,” *Science* 280 (1998): 983–985。

阿普斯利·谢里–加勒德的《世界最险恶之旅》是一本经典的探险书。我在第一次南极探险之前就读过它，后来当我真正见到麦克默多海峡、哈特角半岛和埃里伯斯火山时，感觉它们就像是熟悉的风景。

沃尔特·加斯坦格的*Larval Forms and Other Zoological Verses* (Oxford: Blackwell, 1951)一书于1985年由University of Chicago Press再版。

异时性起源于加斯坦格时代（不是更早的话），当时已经提出了发育速度和时机的整体分类法。有关一些主要方法的简要介绍（以及很好的参考资料），请参阅P. Alberch et al., “Size and Shape in Ontogeny and Phylogeny,” *Paleobiology* 5 (1979): 296–317; Gavin DeBeer, *Ontogeny and Phylogeny* (London: Clarendon Press, 1962); 以及斯蒂芬·杰伊·古尔德的*Ontogeny and Phylogeny* (Cambridge, MA: Belknap Press, 1985)。古尔德的书在20世纪80年代产生了巨大影响，重新引起了人们对该方法的兴趣。

两栖动物的生物学特征和变态发育，请参阅W. Duellman and L. Trueb, *Biology of Amphibians* (New York: McGraw-Hill, 1986); 以及D. Brown and L. Cai, “Amphibian Metamorphosis,” *Developmental Biology* 306 (2007): 20–33。前者全面介绍了两栖动物的解剖结构、演化历史和发育过程。

最近，对基因组的分析已将包括海鞘在内的被囊类动物作为脊椎动物的近亲。请参阅F. Delsuc et al., “Tunicates and Not Cephalo- chordates Are the Closest Living Relatives of Vertebrates,” *Nature* 439 (2006): 965–968。我们对脊椎动物起源的理解还依赖于另一种生命，即双歧杆菌。LZ Holland et al., “The Amphioxus Genome Illuminates Vertebrate Origins and Cephalochordate Biology”, *Genome Research* 18 (2008): 1100–1111对其基因组进行了讨论。

有关加斯坦格的假说和脊椎动物起源问题的概述，请参阅Henry Gee, *Across the Bridge: Understanding the Origin of Vertebrates* (Chicago: University of Chicago Press, 2018)。

多年来，内夫那张标志性的照片引起了广泛的讨论。毫无疑问，他使用了安装好的动物剥制标本，相关信息请参阅理查德·道金斯《地球上最伟大的表演》一书。虽然标本的姿势可能是人为摆好的，但在以下参考文献中定量展示了幼年黑猩猩和人类的颅顶、面部和枕骨大孔位置的相似性。

对人类幼态持续假说最突出的支持来自Ashley Montagu, *Growing Young* (New York: Greenwood Press, 1989)和斯蒂芬·杰伊·古尔德的*Ontogeny and Phylogeny* (Cambridge, MA: Belknap Press，1985)。反对观点包括B. T. Shea，"Heterochrony in Human Evolution: The Case for Neoteny Reconsidered," *Yearbook of Physical Anthropology* 32 (1989): 69–101。虽然某些特征似乎是幼态持续的结果，但其他特征（例如直立行走）并非如此。

达西·汤普森的《生长和形态》最初出版于1917年，这本书掀起了一场定量生物学的革命。从那时起，形态计量学（形状变化的定量分析）成为一个活跃的研究领域。

关于神经嵴在发育和演化中的重要性，参阅 C. Gans and R. G. Northcutt, "Neural Crest and the Origin of Vertebrates: A New Head," *Science* 220 (1983): 268–273以及Brian Hall, *The Neural Crest in Development and Evolution* (Amsterdam: Springer, 1999)。

关于朱莉娅·普拉特的工作和生活，请参阅J. Zottoli and E. Seyfarth, "Julia B. Platt (1857–1935): Pioneer Comparative Embryologist and Neuroscientist," *Brain, Behavior and Evolution* 43 (1994): 92–106。

第3章

可疑的引用摘自詹姆斯·沃森《双螺旋》一书。对此的完整表述出现在沃森和克里克向科学界宣布这一发现的两页论文中："我们希望提出一种脱氧核糖核酸的结构。这种结构具有新颖的特征，而这些特征具有重要的生物学意义。" J. D. Watson and F. Crick, "A Structure for Deoxyribose Nucleic Acid," *Nature* 171 (1953): 737–738。

关于发现DNA的功能及其制造蛋白质的途径的故事，请参阅Matthew Cobb, *Life's Greatest Secret: The Race to Crack the Genetic Code* (New York: Basic Books, 2015)。另请参阅霍勒斯·贾德森《创世纪的第八天》一书。

20世纪60年代中期，扎克坎德和鲍林在一系列论文中提出了他们的新方法。主要论文包括E. Zuckerkandl and L. Pauling, "Molecules as Documents of Evolutionary History," *Journal of Theoretical Biology* 8 (1965): 357–366；以及E. Zuckerkandl and L. Pauling, "Evolutionary Divergence and Convergence in Proteins," 97–166, in V. Bryson and H. J. Vogel, eds., *Evolving Genes and Proteins*（New York: Academic Press, 1965）。

扎克坎德和鲍林不仅仅是想了解物种之间的关系，他们还提议将蛋白质和基因的差异作为一种时钟，反映物种彼此分离的时间。如果蛋白质序列的变化速率在较长的时间范围内相对恒定，那么蛋白质的差异可以反映物种分离的时间。

分子时钟假说的假设是，很长一段时间内，蛋白质中氨基酸序列的变化速率是恒定的。应用分子钟依赖于对氨基酸序列的理解，一个完全假设的示例是比较青蛙、猴子和人类的氨基酸序列。我们将从对蛋白质进行测序开始，然后计算物种之间存在差异的氨基酸的数量。假设我们正在研究皮肤中的一种蛋白质，而青蛙的蛋白质与人和猴子的蛋白质都相差80个氨基酸，人类和猴子仅相差30个氨基酸。要应用分子钟，我们需要有一个化石时间来确定氨基酸变化的速率，然后我们可以将该速率应用于没有化石记录的物种。

假设有一枚化石表明，青蛙、猴子和人在4亿年前有一个共同祖先。为了校准时钟，我们将80除以40 000，得到蛋白质变化率为每一万年变化0.2%。利用这个速率，我们可以计算出人类和猴子在多久以前有一个共同的祖先，方法是用30除以0.2%，得到这个时间是15亿年。这个例子是假设的，但是它展示了我们如何通过先对蛋白质进行测序，计算其中的氨基酸差异，使用化石记录估计蛋白质变化的速率，然后应用该速率来了解没有化石记录的事件发生的时间。

关于扎克坎德和鲍林尝试撰写一篇离谱儿的论文以及他们工作的一般历史背景，请参阅G. Morgan, “Émile Zuckerkandl, Linus Pauling and the Molecular Evolutionary Clock,” *Journal of the History of Biology* 31 (1998): 155–178。他们的实验结果发表在E. Zuckerkandl and L. Pauling, “Molecular Disease, Evolution and Genic Heterogeneity,” 189–225, in Michael Kasha and Bernard

Pullman, eds., *Horizons in Biochemistry: Albert Szent-Györgyi Dedicatory Volume* (New York: Academic Press, 1962)。

有关扎克坎德的口述历史，请参阅 “The Molecular Clock,” https://authors.library.caltech.edu/5456/1/hrst.mit.edu/hrs/evolu tion/public/clock/zuckerkandl.html。

艾伦·威尔逊和玛丽·克莱尔·金在他们的工作中采用了这种方法。他们最初在一份重要且有争议的分子钟论文中注意到了这一方法，该论文表明人类和黑猩猩具有较近的共同祖先。这篇论文是A. Wilson and V. Sarich, “A Molecular Time Scale for Human Evolution,” *Proceedings of the National Academy of Sciences* 63 (1969): 1088–1093。他们的目标是在分析中添加更多的蛋白质，校准分子钟的准确性。金的重要论文是M. C. King and A. C. Wilson, “Evolution at Two Levels in Humans and Chimpanzees,” *Science* 188 (1975): 107–116。他们所指的两个水平是蛋白质编码水平的演化和基因调控水平（开关）的演化。他们的数据表明，人类与黑猩猩之间的许多差异是由基因表达的时间和位置的差异所导致的，即基因调控的差异。

有两篇近期论文进一步证实了他们的研究成果，请参阅Kate Wong, “Tiny Genetic Differences Between Humans and Other Primates Pervade the Genome,” *Scientific American*, September 1, 2014; K. Prüfer et al., “The Bonobo Genome Compared with Chimpanzee and Human Genomes,” *Nature* 486 (2012): 527–531。

网上一些有关人类基因组计划的历史和影响的介绍：《胚胎

计划百科全书》之《人类基因组计划（1990—2003）》（https：//embryo.asu.edu/ pages / human-genome-project-1990 -2003）;国家人类基因组研究所之“什么是人类基因组计划”，https：//www.genome.gov/12011238/an-overview-of-the-human-generic-generic-project/；https://www.nature.com/scitable/topicpage/Sequence-human-genome-the-contributions-of-francis-686。

有关该项目的主要科学论文包括：International Human Genome Sequencing Consortium, “Finishing the Euchromatic Sequence of the Human Genome,” *Nature* 431 (2004): 931–945；International Human Genome Sequencing Consortium, “Initial Sequencing and Analysis of the Human Genome,” *Nature* 409 (2001): 860 –921。

另一些关于人类基因组计划的书籍有Daniel J. Kevles and Leroy Hood, eds. *The Code of Codes* (Cambridge, MA: Havard University Press, 2000) 和James Shreeve, *The Genome War: How Craig Venter Tried to Capture the Code of Life and Save the World* (New York: Random House, 2004)。克雷格·文特尔的《解码生命》为第一手记录。

许多文章讨论了基因组的结构和基因的数量，包括许多著名的多人合作项目。其中的典型介绍性文章（包括大量的参考文献）是A. Prachumwat and W.-H. Li, “Gene Number Expansion and Contraction in Vertebrate Genomes with Respect to Invertebrate Genomes,” *Genome Research* 18 (2008): 221–232，以及R. R.

Copley, "The Animal in the Genome: Comparative Genomics and Evolution," *Philosophical Transactions of the Royal Society*, B 363 (2008): 1453–1461.《自然》期刊网站上有一个很好的介绍：https://www.nature.com/ scitable/topicpage/eukaryotic-genome-complexity-437。

强大的基因组浏览器让科学家可以比较不同物种的基因和基因组。一些常用的工具包括ENSEMBL https://useast.ensembl.org/; VISTA, http://pipeline.lbl .gov/cgi-bin/gateway2; 以及BLAST搜索工具，https://blast.ncbi .nlm.nih.gov/Blast.cgi。试一试，它们会在你的指尖打开一个探索的世界。

弗朗索瓦·雅各布和雅克·莫诺的经典著作是生物学上最伟大的论文之一："Genetic Regulatory Mechanisms in the Synthesis of Proteins," *Journal of Molecular Biology* 3 (1961): 318–356。新手阅读这篇文章会有一些挑战性。有关全面但可读性更强的分类介绍，请参见以下科学传播经典：霍勒斯·贾德森《创世纪的第八天》。

有关雅各布和莫诺的研究成果的背景，请参阅西恩·B. 卡罗尔的《勇敢的天才》一书。我以为自己已经很了解他们，但是这本书为我打开了一个广阔的新世界。

西恩·B. 卡罗尔还有一部关于基因调控如何影响演化的经典著作：《无尽之形最美》。

E. Anderson et al., "Human Limb Abnormalities Caused by Disruption of Hedgehog Signaling", *Trends in Genetics* 28 (2012):

364–373一文中讨论了音猬因子在肢体异常发育中的作用。该基因活性的改变和对基因作用通路的干扰会导致发育异常的产生。

一系列优秀的论文介绍了关于远程开关（或正式地称为远程增强子）的作用：L. A. Lettice et al., “The Conserved *Sonic hedgehog* Limb Enhancer Consists of Discrete Functional Elements That Regulate Precise Spatial Expression,” *Cell Reports* 20 (2017): 1396–1408; L. A. Lettice et al., “A Long-Range Shh Enhancer Regulates Expression in the Developing Limb and Fin and Is Associated with Preaxial Polydactyly,” *Human Molecular Genetics* 12 (2003): 1725–1735; 以及R. Hill and L. A. Lettice, “Alterations to the Remote Control of Shh Gene Expression Cause Congenital Abnormalities,” *Philosophical Transactions of the Royal Society*, B 368 (2013), http://doi.org/10.1098/rstb.2012.0357。

我们现在已经找到了许多这种远程开关。关于它们的生物学特性以及对发育和演化的影响，请参阅A. Visel et al., “Genomic Views of Distant-Acting Enhancers,” *Nature* 461 (2009): 199–205; H. Chen et al., “Dynamic Interplay Between Enhancer-Promoter Topology and Gene Activity,” *Nature Genetics* 50 (2018): 1296–1303; 以及A. Tsai and J. Crocker, “Visualizing Long-Range Enhancer-Promoter Interaction,” *Nature Genetics* 50 (2018): 1205–1206。

关于蛇的附肢退化与*Sonic*远程增强子之间的相互关系，请参阅EZ Kvon et al., “Progressive Loss of Function in a Limb

Enhancer During Snake Evolution”，*Cell* 167 (2016): 633–642。

已经有大量文献报道了基因调控元件（开关）变化在演化中的作用，请参阅M. Rebeiz and M. Tsiantis, “Enhancer Evolution and the Origins of Morphological Novelty,” *Current Opinion in Genetics and Development* 45 (2017): 115–123; 以及西恩·B. 卡罗尔的《无尽之形最美》。有关三刺鱼的例子，请参阅Y. F. Chan et al., “Adaptive Evolution of Pelvic Reduction in Sticklebacks by Recurrent Deletion of a Pitx1 Enhancer,” *Science* 327 (2010): 302–305。

第4章

托马斯·索默林是一位博学专家，他描述了最早的飞行爬行动物之一——翼龙，设计了望远镜，开发了疫苗并分析了突变体。他在发育异常方面的经典研究成果是*Abbildungen und Beschreibungen einiger Misgeburten die sich ehemals auf dem anatomischen Theater zu Cassel befanden* (Mainz: kurfürstl. privilegirte Universitätsbuchhandlung, 1791)。

有关怪物（发育异常）所蕴含的深层信息的一篇优秀论文，请参阅P. Alberch, “The Logic of Monsters: Evidence for Internal Constraint in Development and Evolution,” *Geobios* 22 (1989): 21–57。

关于对发育异常和畸形的经典解释，请参阅Dudley Wilson,

Signs and Portents: Monstrous Births from the Middle Ages to the Enlightenment (New York: Routledge, 1993)。

关于杰弗里和伊西多尔·圣伊莱尔在理解发育畸形方面的持续贡献，请参阅A. Morin，"Teratology from Geoffroy Saint Hilaire to the Present," *Bulletin de l'Association des anatomistes (Nancy)* 80 (1996): 17–31。

网上一些有关畸形学研究在生物学和医学上的历史和影响，请参阅 "A New Era: The Birth of a Modern Definition of Teratology in the Early 19th Century," New York Academy of Medicine，https://nyam.org/library/collections-and-resources/digital-collections-exhibits/digital-telling-wonders/new-era-birth-modern-definition-teratology-early-19th-century/。

威廉·贝特森关于变异的经典著作是*Materials for the Study of Variation Treated with Especial Regard to Discontinuity in the Origin of Species* (London: Macmillan, 1894)。

A. H. 斯图尔特文曾是摩尔根的学生，本身也是一名杰出人士，他所著关于美国国家科学院传记回忆录*Thomas Hunt Morgan, 1866–1945: A Biographical Memoir* (Washington, DC: National Academy of Sciences, 1959)，可在线访问http://www.nasonline.org/publications/biographical-memoirs/memoir-pdfs/morgan-thomas-hunt.pdf。

卡尔文·布里奇斯是2014年传记片《飞行室》中的主要人物，埃文·卡拉威"Genetics: Genius on the Fly," *Nature* 516

(December 11, 2014)曾对该影片进行评述，文章网址为https://www.nature.com/articles / 516169a。

冷泉港实验室维护着一个传记网站，专门介绍卡尔文 · 布里奇斯：Calvin Blackman Bridges, Unconventional Geneticist (1889–1938), 网址为 http://library.cshl.edu/exhibits/bridges。

关于刘易斯和布里奇斯研究工作的历史，请参阅I. Duncan and G. Montgomery, "E. B. Lewis and the *Bithorax* Complex," pts. 1 and 2, *Genetics* 160 (2002): 1265–1272, and 161 (2002): 1–10。最初，刘易斯对基因重复比发育更感兴趣，因此他更加关注染色体的多胸畸形相关区域。

C. B. Bridges, "Salivary Chromosome Maps: With a Key to the Banding of the Chromosomes of Drosophila melanogaster," *Journal of Heredity* 26 (1935): 60–64，以及C. B. Bridges and T. H. Morgan, *The Third-Chromosome Group of Mutant Characters of Drosophila melanogaster* (Washington, DC: Carnegie Institution, 1923)中介绍了关于将染色体上的条带模式作为寻找突变标记的作用。

爱德华 · 刘易斯的经典论文是E. B. Lewis，"A Gene Complex Controlling Segmentation in Drosophila," *Nature* 276 (1978): 565–570。

Hox基因是由W. McGinnis、M. Scott和A. Weiner等人同时发现的，相关论文参阅W. McGinnis et al., "A Conserved DNA Sequence in Homoeotic Genes of the Drosophila Antennapedia and *Bithorax* Complexes," *Nature* 308 (1984): 428–433； 以及M. Scott and A. Weiner, "Structural Relationships among Genes That Control Development: Sequence Homology between the Antennapedia, Ultrabithorax, and Fushi Tarazu Loci of Drosophila," *Proceedings of the National Academy of Sciences* 81 (1984): 4115–4119。

关于Hox基因的发现和演化的影响的详细介绍以及相关参考文献，请参阅西恩·B. 卡罗尔《无尽之形最美》。爱德华·刘易斯还在"Homeosis: The First 100 Years," *Trends in Genetics* 10 (1994): 341–343中回顾了相关的问题。

帕特尔对钩虾的研究工作请参阅A. Martin et al., "CRISPR/Cas9 Mutagenesis Reveals Versatile Roles of Hox Genes in Crustacean Limb Specification and Evolution", *Current Biology* 26 (2016): 14–26; 以及J. Serano et al., "Comprehensive Analysis of Hox Gene Expression in the Amphipod Crustacean Parhyale hawaiensis," *Developmental Biology* 409 (2016): 297–309。

关于Hox基因在椎骨发育中的作用，请参阅D. Wellik and M. Capecchi, "Hox10 and Hox11 Genes Are Required to Globally Pattern the Mammalian Skeleton," *Science* 301 (2003): 363–367; 和D. Wellik, "Hox Patterning of the Vertebrate Axial Skeleton," *Developmental Dynamics* 236 (2007): 2454–2463。

"手部基因"（hand genes）更准确的名称应该是Hoxa-13和Hoxd-13。关于小鼠中缺失该基因的影响，请参阅C. Fromental-Ramain et al., "Hoxa-13 and Hoxd-13 Play a Crucial Role in the Patterning of the Limb Autopod," *Development* 122 (1996): 2997–3011。

T. Nakamura et al., “Digits and Fin Rays Share Common Developmental Histories,” *Nature* 537 (2016): 225–228一文中，继续了T. etsuya Nakamura和Andrew Gehrke对Hox基因在鱼鳍发育中的作用的研究。Carl Zimmer, “From Fins into Hands: Scientists Discover a Deep Evolutionary Link,” *New York Times*, August 17, 2016一文中对这一研究工作进行了介绍。

第5章

维克·达济尔在解剖学史上并未受到重视。与理查德·欧文一样，他也对形态相似性（例如同源性）进行了许多观察，但未对它们进行推广，相关工作请参阅：R. Mandressi, “The Past, Education and Science. Félix Vicq d’Azyr and the History of Medicine in the 18th Century,” *Medicina nei secoli* 20 (2008): 183–212 (法语); 以及R. S. Tubbs et al., “Félix Vicq d’Azyr (1746–1794): Early Founder of Neuroanatomy and Royal French Physician,” *Child’s Nervous System* 27 (2011): 1031–1034。

当代对于身体中重复器官这一概念的理解是系列同源性（Serial homology），请参阅Günter Wagner, *Homology, Genes, and Evolutionary Innovation* (Princeton, NJ: Princeton University Press, 2018)。

Sabra Colby Tice, *A New Sex-linked Character in Drosophila* (New York: Zoological Labora- tory, Columbia University, 1913)中

首次描述了小眼突变体。

在“Salivary Chromosome Maps: With a Key to the Banding of the Chromosomes of Drosophila melanogaster,” *Journal of Heredity* 26 (1935): 60–64一文中，布里奇斯运用染色体图谱揭示了基因重复性。

关于大野生平的介绍，请参阅U. Wolf, “Susumu Ohno,” *Cytogenetics and Cell Genetics* 80 (1998): 8–11; 以及Ernest Beutler, “Susumu Ohno, 1928–2000,” *Biographical Memoirs* 81 (2012)，源自美国国家科学院，网址为：https://www.nap.edu/ read/10470/ chapter/14。

我们可以通过许多论文了解到大野的研究成果，还有一本书介绍了他对基因重复性的研究概况，请参阅：Susumu Ohno, “So Much ‘Junk’ DNA in Our Genome”, 336–370, in H. H. Smith, ed., *Evolution of Genetic Systems* (New York: Gordon and Breach, 1972); Susumu Ohno, “Gene Duplication and the Uniqueness of Vertebrate Genomes Circa 1970– 1999”, *Seminars in Cell and Developmental Biology* 10 (1999): 517–522; Susumu Ohno, *Evolution by Gene Duplication* (Amsterdam: Springer, 1970)。

Yves Van de Peer, Eshchar Mizrachi, and Kathleen Marchal, “The Evolutionary Significance of Polyploidy,” *Nature Reviews Genetics* 18 (2017): 411–424; S. A. Rensing, “Gene Duplication as a Driver of Plant Morphogenetic Evolution,” *Current Opinion in Plant Biology* 17 (2014): 43–48。

T. Ohta, “Evolution of Gene Families,” *Gene* 259 (2000): 45–52; J. Thornton and R. DeSalle, “Gene Family Evolution and Homology: Genomics Meets Phylogenetics,” *Annual Reviews of Genomics and Human Genetics* 1 (2000): 41–73; J. Spring, “Genome Duplication Strikes Back,” *Nature Genetics* 31 (2002): 128–129.

基因家族及其演化的例子很多，比如视蛋白基因，详情请参见R. M. Harris and H. A. Hoffman, “Seeing Is Believing: Dynamic Evolution of Gene Families,” *Proceedings of the National Academy of Sciences* 112 (2015): 1252–1253。

Hox基因是通过基因重复产生基因家族的另一种情况。对于这种重复机制及其影响的不同观点，请参见P. W. H. Holland, “Did Homeobox Gene Duplications Contribute to the Cambrian Explosion?,” *Zoological Letters* 1 (2015): 1–8; G. P. Wagner et al., “Hox Cluster Duplications and the Opportunity for Evolutionary Novelties,” *Proceedings of the National Academy of Sciences* 100 (2003): 14603–14606; N. Soshnikova et al., “Duplications of Hox Gene Clusters and the Emergence of Verte- brates,” *Developmental Biology* 378 (2013): 194–199。

有两篇独立发表的论文都阐述了Notch信号和基因重复在大脑演化中的作用：: I. T. Fiddes et al., “Human-Specific NOTCH2NL Genes Affect Notch Signaling and Cortical Neurogenesis”, *Cell* 173 (2018): 1356–1369; I. K. Suzuki et al., “Human-Specific NOTCH2NL Genes Expand Cortical Neurogenesis Through Delta/

Notch Regulation," *Cell* 173 (2018): 1370–1384。

罗伊·布里顿的长期合作者埃里克·戴维森在文章中讲述了他的一生，参阅 "Roy J. Britten, 1919–2012: Our Early Years at Caltech," *proceedings of the National Academy of Sciences* 109 (2012): 6358–6359。戴维森和布里顿一起发表了有关这些序列含义的推测性论文，这篇论文超越了时代，并催生了新一代科学家的研究，见R. J. Britten and E. H. Davidson, "Repetitive and Non-Repetitive DNA Sequences and a Speculation on the Origins of Evolutionary Novelty", *Quarterly Review of Biology* 46 (1971): 111–138。

R. J. Britten and D. E. Kohne, "Repeated Sequences in DNA," Science 161 (1968): 529–540. 一文中，布里顿描述了重复序列以及他用来发现这些序列的技术。R. Andrew Cameron 对这一研究工作进行了简单翻译，请参阅On DNA Hybridization and Modern Genomics，网址为 https://onlinelibrary.wiley.com/doi/ pdf/10.1002/mrd.22034。

龙漫远教授的研究团队在W. Zhang et al., "New Genes Drive the Evolution of Gene Interaction Networks in the Human and Mouse Genomes," *Genome Biology* 16 (2015): 202–226中描述了他们对新基因起源的研究。这是一个活跃的研究领域，许多基因起源于基因重复，也有一些并非如此，它们的形成机制依然在研究当中。相关参考文献，请参阅L. Zhao et al., "Origin and Spread of De Novo Genes in Drosophila melanogaster Populations", *Science* 343

(2014): 769–772。

芭芭拉·麦克林托克在文章"The Origin and Behavior of Mutable Loci in Maize," *Proceedings of the National Academy of Sciences* 36 (1950): 344–355中首次描述了跳跃基因。S. Ravindran, "Barbara McClintock and the Discovery of Jumping Genes," *Proceedings of the National Academy of Sciences* 109 (2012): 20198–20199中对麦克林托克的文章进行了回顾性的解释和赞扬。

有关跳跃基因的发现及其作用原理，请参阅L. Pray and K. Zhaurova, "Barbara McClintock and the Discovery of Jumping Genes (Transposons)", *Nature Education* 1 (2008): 169。

美国国家医学图书馆网站上有麦克林托克的论文，包括引用她的话，以及尼克松在她获得美国国家科学奖章时所讲的话：https://profiles .nlm.nih.gov/ps/retrieve/Narrative/LL/p-nid/52。

第6章

厄恩斯特·迈尔的经典著作：*Animal Species and Evolution* (Cambridge, MA: Harvard University Press, 1963)。

理查德·戈尔德施米特的著作是*The Material Basis of Evolution* (New Haven, CT: Yale University Press, 1940)。让迈尔大为光火的文章是Goldschmidt, "Evolution as Viewed by One Geneticist," *American Scientist* 40 (1952): 84–98。

关于戈尔德施米特的生平，请参阅Curt Stern, *Richard*

Benedict Goldschmidt, 1878–1958: A Biographical Memoir (Washington, DC: National Academy of Sciences, 1967)，网址为 http://www.nasonline.org/publications/biographical-memoirs/memoir-pdfs/goldschmidt-richard.pdf。

迈尔的时代被称为综合进化论时代。它在20世纪40年代后期达到了高潮，当时遗传学的发现与分类学、古生物学和比较解剖学领域相互结合。在我们后来的茶话会中，迈尔经常谈到20世纪90年代出现的一种全新的综合方法，将他这一代的研究工作扩展到分子生物学和发育遗传学领域。因此，他鼓励研究生们继续关注那些科学文献。

罗纳德·费舍尔最具影响力的著作是 *The Genetical Theory of Natural Selection* (London: Clarendon Press, 1930)。

文森特·林奇的论文是V. J. Lynch et al., "Ancient Transposable Elements Transformed the Uterine Regulatory Landscape and Transcriptome During the Evolution of Mammalian Pregnancy," *Cell Reports* 10 (2015): 551–561和V. J. Lynch et al., "Transposon-Mediated Rewiring of Gene Regulatory Networks Contributed to the Evolution of Pregnancy in Mammals," *Nature Genetics* 43 (2011): 1154–1158。

在G. P. Wagner and V. J. Lynch, "The Gene Regulatory Logic of Transcription Factor Evolution," *Trends in Ecology and Evolution* 23 (2008): 377–385和G. P. Wagner and V. J. Lynch, "Evolutionary Novelties," *Current Biology* 20 (2010): 48–52这两篇文章中，林奇

回顾了（该领域的）一些常见问题，灵感来自麦克林托克的文章“The Origin and Behavior of Mutable Loci in Maize,” *Proceedings of the National Academy of Sciences* 36 (1950): 344–355，以及R. J. Britten and E. H. Davidson, “Repetitive and Non-Repetitive DNA Sequences and a Speculation on the Origins of Evolutionary Novelty,” *Quarterly Review of Biology* 46 (1971): 111–138。

跳跃基因如何转化成基因组的有用部分（所谓驯化）是一个活跃的研究领域。一些相关参考资料，请参阅D. Jangam et al., “Transposable Element Domestication as an Adaptation to Evolutionary Conflicts,” *Trends in Genetics* 33 (2017): 817–831和E. B. Chuong et al., “Regulatory Activities of Transposable Elements: From Conflicts to Benefits,” *Nature Reviews Genetics* 18 (2017): 71–86。

关于合胞素蛋白的研究工作，请参阅综述文章C. Lavialle et al., “Paleovirology of ‘Syncytins,’ Retroviral env Genes Exapted for a Role in Placentation,” *Philosophical Transactions of the Royal Society of London, B* 368 (2013): 20120507；以及H. S. Malik, “Retroviruses Push the Envelope for Mammalian Placentation,” *Proceedings of the National Academy of Sciences* 109 (2012): 2184–2185。关于合胞素蛋白的发现，请参阅S. Mi et al., “Syncytin Is a Captive Retroviral Envelope Protein Involved in Human Placental Morphogenesis” *Nature* 403 (2000): 785–789; J. Denner, “Expression and Function of Endogenous Retroviruses in the Placenta,” *APMIS*

124 (2016): 31–43; A. Dupressoir et al., “Syncytin-A Knockout Mice Demonstrate the Critical Role in Placentation of a Fusogenic, Endogenous Retrovirus-Derived, Envelope Gene,” *Proceedings of the National Academy of Sciences* 106 (2009): 12127–12132; 以及 A. Dupressoir et al., “A Pair of Co-Opted Retroviral Envelope Syncytin Genes Is Required for Formation of the Two- Layered Murine Placental Syncytiotrophoblast,” *Proceedings of the National Academy of Sciences* 108 (2011): 1164–1173。

关于逆转录病毒在胎盘演化中的作用，请参阅 D. Haig, “Retroviruses and the Placenta,” *Current Biology* 22 (2012): 609–613。

其他有胎盘类似结构的物种（例如蜥蜴）中也发现了合胞素蛋白，请参阅G. Cornelis et al., “An Endogenous Retroviral Envelope Syncytin and Its Cognate Receptor Identified in the Viviparous Placental Mabuya Lizard,” *Proceedings of the National Academy of Sciences* 114 (2017): E10991–E11000。

寻找死亡或驯化已久的病毒也是一个研究领域，被称为古病毒学。更多信息请参阅M. R. Patel et al., “Paleovirology—Ghosts and Gifts of Viruses Past,” *Current Opinion in Virology* 1 (2011): 304–309;以 及 J. A. Frank and C. Feschotte, “Co-option of Endogenous Viral Sequences for Host Cell Function” , *Current Opinion in Virology* 25 (2017): 81–89。

杰森·谢泼德对Arc基因的研究工作，请参阅E. D.

Pastuzyn et al., “The Neuronal Gene Arc Encodes a Repurposed Retrotransposon Gag Protein That Mediates Intercellular RNA Transfer,” *Cell* 172 (2018): 275–288. 埃德·扬在文章中对此进行了更通俗的综述，请参阅“Brain Cells Share Information with Virus-Like Capsules,” *Atlantic* (January 2018)。

第7章

在古尔德的演讲中出现的那本书是《奇妙的生命》(*Wonderful Life: The Burgess Shale and the Nature of History*)。

雷·兰开斯特关于演化中的退化和多发性现象的研究，请参阅E. R. Lankester, *Degeneration: A Chapter in Darwinism* (London: Macmillan, 1880)和E. R. Lankester, “On the Use of the Term ‘Homology’ in Modern Zoology, and the Distinction between Homo- genetic and Homoplastic Agreements,” *Annals and Magazine of Natural History* 6 (1870): 34–43。

有关趋同和平行演化的讨论，请参阅Simon Conway Morris, *Life's Solution: Inevitable Humans in a Lonely Universe* (Cambridge, UK: Cambridge University Press, 2003)，作者坚信所有演化都是必然的。相比之下，Jonathan Losos, *Improbable Destinies: Fate, Chance and the Future of Evolution* (New York: Riverhead, 2017)一书则很好地平衡了随机性与必然性之间的关系。

蝾螈迅速弹射舌头的视频请参阅如下网址：https://www.you

tube.com/watch?v=mRrIITcUeBM。

关于这一神奇特征（蝾螈舌头）的解剖学分析，请参阅S. M. Deban et al., “Extremely High-Power Tongue Projection in Plethodontid Salamanders,” *Journal of Experimental Biology* 210 (2007): 655–667。

韦克关于蝾螈弹射舌头的原始论文很经典，请参阅R. E. Lombard and D. B. Wake, “Tongue Evolution in the Lungless Salamanders, Family Plethodontidae IV. Phylogeny of Plethodontid Salamanders and the Evolution of Feeding Dynamics,” *Systematic Zoology* 35 (1986): 532–551。

关于蝾螈舌头弹射结构的多发性演化，请参阅D. B. Wake et al., “Transitions to Feeding on Land by Salamanders Feature Repetitive Convergent Evolution,” 195—405 in K. Dial, N. Shubin and E. L. Brainerd eds., *Great Transformations in Vertebrate Evolution* (Chicago: University of Chicago Press, 2015)。

关于冰冻蝾螈四肢的分析请参阅N. H. Shubin et al., “Morphological Variation in the Limbs of Taricha Granulosa (Caudata: Salamandridae): Evolutionary and Phylogenetic Implications,” *Evolution* 49 (1995): 874–884。关于蝾螈四肢的演化意义和模式分析，请参阅N. Shubin and D.B. Wake, “Morphological Variation, Development, and Evolution of the Limb Skeleton of Salamanders,” 1782–1808 in H. Heatwole, ed., *Amphibian Biology* (Sydney: Surrey Beatty, 2003); N. Shubin and P. Alberch, “A Morphogenetic

Approach to the Origin and Basic Organization of the Tetrapod Limb," *Evolutionary Biology* 20 (1986): 319–387; N. B. Fröbisch and N. Shubin, "Salamander Limb Development: Integrating Genes, Morphology, and Fossils," *Developmental Dynamics* 240 (2011): 1087–1099; N. Shubin and D. Wake, "Phylogeny, Variation and Morphological Integration," *American Zoologist* 36 (1996): 51–60; 以 及N. Shubin, "The Origin of Evolutionary Novelty: Examples from Limbs," *Journal of Morphology* 252 (2002): 15–28。

韦克撰写了一些有关演化多发性如何揭示一般变化机制的论文，请参阅D. B.wake et al., "Homoplasy: From Detecting Pattern to Determining Process and Mechanism of Evolution," *Science* 331 (2011): 1032–1035; 以 及D. B. Wake, "Homoplasy: The Result of Natural Selection, or Evidence of Design Limitations?" *American Naturalist* 138 (1991): 543–561。

关于演化多发性的另一篇学术综述是B. K. Hall, "Descent with Modification: The Unity Underlying Homology and Homoplasy as Seen Through an Analysis of Development and Evolution," *Biological Reviews of the Cambridge Philosophical Society* 78 (2003): 409–433。

乔纳森·洛索斯在著作《不可思议的生命》(中文版于2019年由中信出版社出版）中对加勒比蜥蜴的研究工作进行了回顾。

从1998年起，里奇·伦斯基在密歇根州立大学的实验室一直在进行长期细菌实验。这项活动在当时颇为大胆，它可以让科学家直接观察许多重要的演化变化，为我们直接见证这些事件提供了途径。这篇综述揭示了进化论中必然性与偶然性之间的复杂关系：Z. Blount, R. Lenski and J. Losos, “Contingency and Determinism in Evolution: Replaying Life’s Tape,” *Science* 362:6415 (2018): doi: 10.1126/scienceaam5979。

第8章

琳恩·马古利斯的原始论文是L.（Margulis）Sagan, “On the Origin of Mitosing Cells,” *Journal of Theoretical Biology* 14 (1967): 225–374. 关于她的理论的广泛介绍，请参阅Lynn Margulis, *Symbiosis in Cell Evolution: Life and Its Environment on the Early Earth* (San Francisco: Freeman, 1981)。她回顾性的引述源自2011年《发现》杂志的一次采访，可在线获得，网址为http：//discovermagazine.com/2011/apr/16-interview-lynn-margulis-not-controversial-right。

有关最近的观点（包括参考文献），请参阅J. Archibald, *One Plus One Equals One: Symbiosis and the Evolution of Complex Life* (Oxford: Oxford University Press, 2014); L. Eme et al., “Archaea and the Origin of Eukaryotes,” *Nature Reviews Microbiology* 15 (2017): 711–723; J. M. Archibald, “Endosymbiosis and Eukaryotic Cell Evolution,” *Current Biology* 25 (2015): 911–921; 以及 M. O’Malley, “Endosymbiosis and Its Implications for Evolutionary Theory,” *Proceedings of the National Academy of Sciences* 112 (2015): 10270–

10277。

有关生命历史最早阶段的翔实介绍，请参阅Andrew Knoll, *Life on a Young Planet: The First Three Billion Years of Evolution on Earth* (Princeton, NJ: Princeton University Press, 2004); 尼克·莱恩《复杂生命的起源》以及 J. William Schopf, *Cradle of Life: The Discovery of Earth's Earliest Fossils* (Princeton, NJ: Princeton University Press, 1999)。

肖普夫等人关于顶角燧石的碳同位素分析研究结果，请参阅J. W. Schopf et al., "SIMS Analyses of the Oldest Known Assemblage of Microfossils Document Their Taxon-Correlated Carbon Isotope Compositions," *Proceedings of the National Academy of Sciences* 115 (2018): 53–58。

有一本影响深远的小书中讨论了个性的含义和演变：Leo Buss, *The Evolution of Individuality* (Princeton, NJ: Princeton University Press, 1988)。书中主要讨论了个体是什么，并展示了自然选择如何随着新个体的出现和选择水平的提高而发挥作用。

John Maynard-Smith and Eörs Szathmáry, *The Major Transitions in Evolution* (Oxford: Oxford University Press, 1998)中探讨了新型个体的起源及其对演化的影响。

妮可·金的精彩报告"Choanoflagellates and the Origin of Animal Multicellularity"，可在线观看：https://www.ibiology.org/ecology/choanoflagellates/。

有关领鞭虫的研究，请参阅T. Brunet and N. King, "The

Origin of Animal Multicellularity and Cell Differentiation," *Developmental Cell* 43 (2017): 124–140; S. R. Fairclough et al., "Multicellular Development in a Choanoflagellate," *Current Biology* 20 (2010): 875–876; R. A. Alegado and N. King, "Bacterial Influences on Animal Origins," *Cold Spring Harbor Perspectives in Biology* 6 (2014): 6:a016162; 以及D. J. Richter and N. King, "The Genomic and Cellular Foundations of Ani- mal Origins," *Annual Review of Genetics* 47 (2013): 509–537。

詹尼弗·杜德娜与塞缪尔·斯坦伯格的《破天机》是了解CRISPR-Cas基因组编辑技术及其历史的一部很好的入门书，作者是该领域的先驱。

结语

里奇山位于南极洲的维多利亚地，我们当时是随美国南极计划项目（美国国家科学基金会1543367资助）前往南极。

致谢

这本书献给我已故的父母西摩·舒宾和格洛丽亚·舒宾，他们培养了我对自然界的热爱、对自然运行机制的好奇心，并让我认识到讲好故事的重要性。我的父亲是一位小说作家，他认为科学不易消化。我以往的作品常以他为目标读者。如果他喜欢这种叙述并理解了其中的科学道理，我就知道我做对了。这里的每页纸上都有他存在的痕迹。

这是我与插画家卡里奥皮·莫诺尤斯合作完成的第三本书。她对科学充满热情，对视觉故事有敏锐的把握能力。这本书也不例外。她阅读了草稿，获取使用权限，指出我这本书的叙事和科学方面的漏洞，这非常宝贵。她的个人网址是www.kalliopimonoyios.com，Instagram账号是kalliopi.monoyios。

许多人慷慨地与我分享了有关他们的科学研究、个人经历或思想的故事，包括锡德里克·费绍特、罗伯特·希尔、玛丽·克莱尔·金、妮可·金、克里斯·洛、文尼·林奇、尼帕姆·帕特尔、杰森·谢泼德和戴维·韦克。约翰·诺旺伯、米歇尔·塞德尔和卡里奥皮·莫诺尤斯阅读了部分草稿并提供了重要的评论。如果有对个人故事或科学的任何误解，那当然都是我自己的失误。

感谢在过去的三年中，我的实验室成员容忍我的缺席。我感谢实验室现在和过去的成员：足立纪孝、梅尔文·博尼拉、安德鲁·格尔克、凯蒂·米卡、米尔纳·马里尼克、中村哲也、阿特雷约·帕尔、乔伊斯·皮雷蒂、伊戈尔·施耐德、盖亚尼·塞内维尔泰斯、汤姆·斯图尔特和朱利叶斯·塔宾，他们以身作则，启发和激励我去完成更好的科学研究。很幸运能够拥有各位合作者帮助推动我的科学研究，并改善我的交流方式，这些合作者包括最近的极地野外团队成员，以及与我合作或在分子生物学方面指导我的朋友：西恩·卡罗尔、泰德·戴斯勒、马库斯·戴维斯、约翰·朗、亚当·马洛夫、蒂姆·森登、何塞·路易斯·戈麦斯·斯卡梅塔和克里夫·塔宾。

事情并非始于你认为它开始的时候。自从在哈佛大学读研究生，后又进入加州大学伯克利分校以来，这些想法一直盘旋在我的脑海中，那时我有机会与一些大人物进行交流，他们的思想和方法深深地影响了我的观念，其中包括佩雷·阿尔伯希、斯蒂芬·杰伊·古尔德、厄恩斯特·迈尔和戴维·韦克。那时的研究生同学也对我产生了巨大的影响，其中包括安妮·伯克、埃德温·吉兰和格雷格·迈耶。通过与这些人的讨论，我的思想得到了升华。

本书的大部分内容都是我在担任马萨诸塞州的伍兹霍尔兹

海洋生物实验室（MBL）负责人期间撰写的。MBL是一个专门从事学习和科研的地方，每年吸引着生命科学领域的众多常驻科学家和访问学者。在MBL的利利图书馆中进行本书写作时，我感到自己与其中的各个人物产生了联系：朱莉娅·普拉特、惠特曼、摩尔根和扎克坎德。而每年夏天，韦尔弗利特、伊斯特姆、奥尔良和特鲁罗等小镇的图书馆是安静的写作场所。

我的经纪人卡廷卡·马斯顿、麦克斯·布罗克曼和拉塞尔·温伯格一直支持我，保证项目的持续进行。丹·弗兰克编辑了我的三本书，每一次都让我在写作和出版方面受益匪浅。丹给了我鼓励，帮助我进步，并一直对我抱有十足的耐心。英国编辑山姆·卡特一直在鼓励我。本书从草稿到成书，都离不开丹·弗兰克的助手瓦妮莎·雷·霍顿的全程指导。万神殿出版社的杰出制作和编辑团队成员在工作中从来不畏艰难，他们是罗曼·恩里克斯、艾伦·费尔德曼、珍妮特·比尔、查克·汤普森和劳拉·斯塔雷特。感谢安娜·奈顿的文字设计，以及佩里·德拉维加为本书制作精美的封面。与米希科·克拉克和万神殿的宣传团队一起工作是很愉快的经历。

我的家人已经与这个项目共存了近5年，在这期间，我要么长期不在家，要么就不停地讨论着化石、DNA和生命史，他们对此给予我无限的包容。我的妻子米歇尔·塞德尔，以及孩子纳撒尼尔和汉娜总是围绕在我的身边，写作的过程很像演化本身：充满曲折和惊喜，当然还有奇迹。

图片说明

书中其他图片均为公版。

图1–3　© Kalliopi Monoyios

图1–5　From F. M. Smithwick, R. Nicholls, I. C. Cuthill, and J. Vinther (2017), "Countershading and Stripes in the Theropod Dinosaur Sinosauropteryx Reveal Heterogeneous Habitats in the Early Cretaceous Jehol Biota" (http://www.cell.com/currentbiology/fulltext/S0960-9822(17)31197-1), Current Biology. DOI:10.1016/j .cub.2017.09.032 (https://doi.org/10.1016/j.cub.2017.09.032), used under CC BY 4.0 International

图2–4　© Kalliopi Monoyios

图2–5　© Kalliopi Monoyios

图3–1　© Kalliopi Monoyios

图3–2　By Marc Averette, used under CC BY 3.0 Unported

图3–3　© Kalliopi Monoyios

图4–1　© Kalliopi Monoyios

图4–2　© 2011 Wolfgang F. Wülker, from W. F. Wülker et al., "Karyotypes of Chironomus Meigen (Diptera: Chironomidae) Species from Africa," Comparative Cytogenetics 5(1): 23–46, https://doi.org/10.3897/compcytogen.v5i1.975, used under CC BY 3.0

图4–3　© Kalliopi Monoyios

图4–4　© Kalliopi Monoyios

图4–5　© Kalliopi Monoyios

图4–6　© Kalliopi Monoyios

图4–7　© Kalliopi Monoyios

图7–1　Color lithograph after Sir L. Ward, Wellcome Library, London, used under CC BY 4.0

图7–2　© Kalliopi Monoyios

图7–3　© Kalliopi Monoyios

图8–1　© Kalliopi Monoyios

《美的进化》

ISBN：9787508694788

《植物知道地球的奥秘》

ISBN：9787521712292

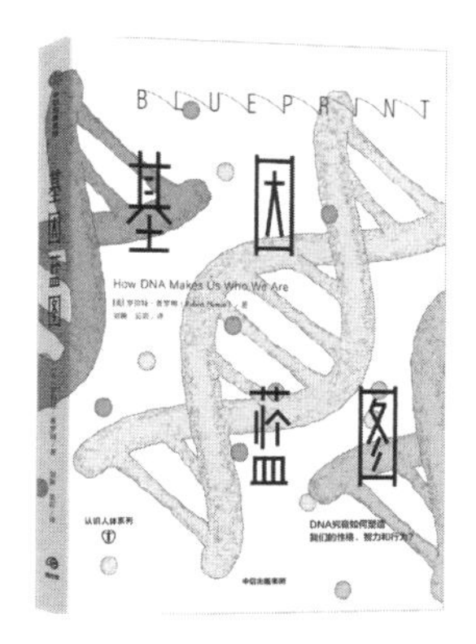

《基因蓝图》

ISBN：9787521715507

《进化的故事》

ISBN：9787521709490

《动物王朝》

ISBN：9787521710717

《奇迹地图》

ISBN：9787521704792

《漫画生物学》

ISBN：9787521722642

《生命科学是什么》

ISBN：9787521721553

《超级生物探寻指南》

ISBN：9787521724424

《牛津大学自然史博物馆的寻宝之旅》

ISBN：9787521712315